数字孪生

超脱现实,构建未来智能图谱

吕智涵 主编

清华大学出版社

北京

内 容 简 介

近几年,数字孪生的概念炙手可热,从工业生产到日常生活,数字孪生逐渐成为未来工业发展的智慧代表。本书对数字孪生的理论架构和知识体系进行了详细的讲解,从数字孪生的基础知识到数字孪生进阶,再到数字孪生在各个领域的实际应用,循序渐进,带领读者一步一步深入了解数字孪生,形成数字孪生知识体系。为方便读者更好地掌握本书内容,本书引入了多个数字孪生经典案例,以实际应用为引帮助读者更好地理解数字孪生理论知识,并对如何应用数字孪生有初步的认识。在本书最后,作者对数字孪生的未来发展进行了预测。

编写本书的目的是让从事数字孪生相关产业的技术人员更加深入地了解数字孪生,并为其提供有益的参考。本书可供高等院校相关专业师生及对工业智能制造感兴趣的读者学习阅读。

图书在版编目(CIP)数据

数字孪生:超脱现实,构建未来智能图谱/吕智涵主编.—北京:清华大学出版社,2023.7
(2025.2 重印)
ISBN 978-7-302-63590-1

Ⅰ.①数… Ⅱ.①吕… Ⅲ.①数字技术－研究 Ⅳ.①TP3

中国国家版本馆 CIP 数据核字(2023)第 092788 号

责任编辑: 安 妮 薛 阳
封面设计: 刘 建
责任校对: 胡伟民
责任印制: 丛怀宇

出版发行: 清华大学出版社
    网 址: https://www.tup.com.cn,https://www.wqxuetang.com
    地 址: 北京清华大学学研大厦 A 座   **邮 编:** 100084
    社 总 机: 010-83470000   **邮 购:** 010-62786544
    投稿与读者服务: 010-62776969,c-service@tup.tsinghua.edu.cn
    质量反馈: 010-62772015,zhiliang@tup.tsinghua.edu.cn
    课件下载: https://www.tup.com.cn,010-83470236
印 装 者: 三河市人民印务有限公司
经 销: 全国新华书店
开 本: 170mm×230mm   **印 张:** 12   **字 数:** 252 千字
版 次: 2023 年 7 月第 1 版   **印 次:** 2025 年 2 月第 3 次印刷
印 数: 2101～2900
定 价: 59.00 元

产品编号:094035-01

编 委 会

前言 / PREFACE

　　本书根据应用型高校培养应用型人才的需要，本着循序渐进、理论联系实际的原则，内容以适量、实用为度，注重理论知识的运用，着重培养学生应用理论知识分析和解决实际问题的能力。本书力求叙述简练，概念清晰，通俗易懂，便于自学，是一本体系创新、深浅适度、重在应用、着重能力培养的应用型教材。

　　我国已经基本确定数字经济发展方向，数字化转型成为主航道，如何推进数字经济发展，成为目前的主要问题之一。数字孪生是负责物理世界和数字空间交互的技术，能够实现空间上的突破。数字孪生自 2010 年由 NASA 正式提出以来，经过十余年的发展，已在多个领域得到了应用，成为近几年智能领域的代表技术之一。在工业生产领域，以西门子公司、特斯拉公司、ANSYS 公司、通用电气公司为首的全球知名企业开展了智慧工厂的建设，开辟了工业 4.0 的序幕。在智慧城市领域，目前国内外各大城市都在做数字孪生相关建设。贵阳、浙江、深圳等城市纷纷采用数字孪生城市的建设理念和模式，制定城市设计和规划，推进新型智慧城市建设。在商业宣传领域，海尔推出了全新的线上线下交易平台，通过数字孪生实现门店数据可视化，实现核心指标的挖掘分析。除此之外，数字孪生在其他领域也大放光彩，如个性化医疗、智慧物流、智慧农业等新兴技术，在数字孪生的帮助下也迅速发展。数字孪生的一大优势就是能结合多个领域，协同大数据、人工智能、物联网等技术，改变各个产业链的布局，推动数字经济发展。随着数字孪生应用领域的不断扩大，将逐渐成为国内产业信息化下一阶段的主要攻坚技术之一，这就要求进一步增添完善数字孪生教学体系，加速培养新一代技术相关人才，助力国家信息产业建设。

　　本书由 10 章组成。第 1～3 章介绍了数字孪生的基本概念以及其发展历史；说明了数字孪生的应用领域，使读者对数字孪生这一技术有初步的理解和认识；介绍了数字孪生与物联网技术之间的关联，两者如何共同发展和结合，以及未来如何发展。第 4～8 章对数字孪生这一技术在理论和应用两个层面进行具体讲解。在理论层面，以模型的视角介绍了数字孪生包含哪些关键技术以及如何在复杂系统中进行数字孪生的管理；在应用层面，为了更加贴近实际应用项目，邀请国内外学者介绍了如何在实际场景中应用数字孪生，包含数字孪生在流程工业、智能电网、智慧农业的应用，并介绍了当前的不足以及未来的展望。第 9、10 章是对数字孪生技术目前的热度分析和未来发展。通过对社交媒体的分析，得到数字孪生的热门应用领域，并以其他行业为基础，构建了一种成熟度模型来评价数字孪生系统，最后为探索数字孪生这一技术的未来发展，对最近热门的元宇宙这一概念进行了探讨。

本书可作为高等学校计算机、数字媒体、软件工程等相关专业的教材，也可作为成人教育及自学考试用教材，还可作为数字孪生技术人员的参考用书。

本书第 1～3 章由吕智涵和郭金康编写，第 4 章由塞尔吉·P.科瓦廖夫编写，第 5 章由弗拉基米尔·什韦坚科、瓦莱里娅·什韦坚科、安德烈·莫佐欣和奥列格·谢科奇欣编写，第 6 章由塞波·谢拉编写，第 7 章由德克·韦斯特曼、宋鑫亚和蔡慧编写，第 8 章由赵宇航和姜柘宇编写，第 9 章由吉姆·谢布梅尔和亚什旺·马莱亚编写，第 10 章由乔亮、李玉玺、解树轩、刘筱成、边增旭和刘玉奇编写，埃琳娜·费斯曼、于增臣、马润禾负责排版、校对与润色，全书由吕智涵担任主编，完成全书的修改及统稿。

由于编者水平有限，书中不当之处在所难免，欢迎广大同行和读者批评指正。

吕智涵

2023 年 4 月

目录 / CONTENTS

第 1 章　数字孪生的概念及发展 ………………………………………… 1

1.1　什么是数字孪生 ………………………………………………… 1
　　1.1.1　数字孪生的定义及特征 …………………………………… 1
　　1.1.2　数字孪生与传统仿真的区别 ……………………………… 3
1.2　数字孪生的发展 ………………………………………………… 4
　　1.2.1　数字孪生的发展历程 ……………………………………… 4
　　1.2.2　数字孪生的构建 …………………………………………… 6
小结 ……………………………………………………………………… 7

第 2 章　数字孪生的应用领域 …………………………………………… 8

2.1　数字孪生在工业生产中的应用 ………………………………… 8
　　2.1.1　智慧工厂 …………………………………………………… 8
　　2.1.2　生产监控 …………………………………………………… 9
　　2.1.3　工业部署 …………………………………………………… 10
2.2　数字孪生在医疗领域中的应用 ………………………………… 11
　　2.2.1　疾病治疗 …………………………………………………… 12
　　2.2.2　健康管理 …………………………………………………… 14
　　2.2.3　运动规划 …………………………………………………… 14
2.3　数字孪生在智慧城市中的应用 ………………………………… 15
　　2.3.1　城市规划 …………………………………………………… 15
　　2.3.2　城市治理 …………………………………………………… 17
　　2.3.3　未来的智慧城市 …………………………………………… 17
2.4　数字孪生在商业领域中的应用 ………………………………… 18
　　2.4.1　线下销售 …………………………………………………… 18
　　2.4.2　线上销售 …………………………………………………… 19
小结 ……………………………………………………………………… 20

第 3 章　数字孪生中的物联网 ………………………………………………… 22

　3.1　物联网简介 …………………………………………………………… 22
　3.2　数字孪生和物联网共同促进 ………………………………………… 24
　　3.2.1　数字孪生促进物联网发展 …………………………………… 24
　　3.2.2　NB-IoT 赋能数字孪生 ………………………………………… 26
　3.3　未来展望 ……………………………………………………………… 27
　　3.3.1　目前存在的问题 ……………………………………………… 27
　　3.3.2　未来发展方向 ………………………………………………… 28
　小结 ………………………………………………………………………… 30

第 4 章　数字孪生关键技术：基于模型的视角 ………………………………… 31

　4.1　什么是孪生 …………………………………………………………… 31
　4.2　基于模型的数字孪生架构 …………………………………………… 34
　4.3　数学建模和仿真 ……………………………………………………… 35
　4.4　物联网 ………………………………………………………………… 38
　4.5　交互式图表和增强现实 ……………………………………………… 38
　4.6　电子文件管理 ………………………………………………………… 39
　4.7　主数据管理 …………………………………………………………… 40
　4.8　自然语言处理 ………………………………………………………… 41
　4.9　数字孪生整合的代数方法 …………………………………………… 42
　4.10　构成异构资产的数字孪生 …………………………………………… 43
　小结 ………………………………………………………………………… 44

第 5 章　基于交互的数字孪生复杂系统管理 ………………………………… 45

　5.1　数字孪生系统与生产 ………………………………………………… 46
　　5.1.1　数字孪生出现的先决条件 …………………………………… 46
　　5.1.2　影响数字孪生有效性的互动对象参数 ……………………… 49
　　5.1.3　数字孪生概念中的物理和虚拟生产过程 …………………… 50
　5.2　数字孪生多结构系统 ………………………………………………… 52
　　5.2.1　描述多结构系统的方法学基础 ……………………………… 52
　　5.2.2　多结构系统的基本要素 ……………………………………… 53
　　5.2.3　多结构系统的功能管理 ……………………………………… 56

5.2.4 多结构系统的信息流组织 ……………………………… 58

5.2.5 多结构系统的组织和架构 ………………………………… 61

5.2.6 多结构体度量系统和多结构系统元素 ………………… 69

5.2.7 多结构系统的管理系统 …………………………………… 71

5.2.8 多结构系统自动控制原理与技术 ……………………… 72

5.2.9 信息物理系统的数学建模及其对数字孪生的管理 …… 75

5.2.10 数字化对象的数字孪生及其在多元结构系统中的实现 …… 82

5.3 智慧能源多结构系统示例 ……………………………………… 86

5.3.1 智能能源系统的组件 ……………………………………… 87

5.3.2 IES 多结构系统 …………………………………………… 88

5.3.3 IES 网络结构的管理 ……………………………………… 89

5.4 智能家居多结构系统实例 ……………………………………… 92

5.4.1 智能家居的组成部分及其相互作用 …………………… 93

5.4.2 构建智能家居多结构的数字孪生 ……………………… 95

5.4.3 基于交互数字孪生的智能家居多结构管理系统 ……… 96

5.4.4 基于数字孪生技术的智能家居气候管理系统的实施 … 97

5.4.5 神经网络在智能家居气候管理中的应用 ……………… 109

小结 …………………………………………………………………… 111

第6章 流程工业的数字孪生 ………………………………………… 113

6.1 流程工业的基本概念 …………………………………………… 113

6.1.1 一个实例：实验室用水的处理过程 …………………… 113

6.1.2 管道和仪表图 ……………………………………………… 114

6.1.3 流程工业的核心：控制回路 …………………………… 116

6.1.4 建立物理流程的模拟模型 ……………………………… 117

6.1.5 获取物理流程建模的工程设计源信息 ………………… 117

6.1.6 操作的异常处理 …………………………………………… 118

6.1.7 将控制系统与物理流程模型进行整合 ………………… 119

6.2 流程工业的类型 ………………………………………………… 120

6.3 流程工业中的数字孪生 ………………………………………… 121

第7章 智能电网的数字孪生 ………………………………………… 124

7.1 智能电网中数字孪生的发展 …………………………………… 124

7.2 智能电网数字孪生定义 ·· 127

7.3 数字孪生在智能电网中的建模与应用 ······················ 129

　　7.3.1 基于参数估计的非线性模型 ···························· 129

　　7.3.2 基于人工神经网络的数字孪生：用于状态预估 ······ 133

　　7.3.3 基于数据驱动数字孪生的控制器设计 ················ 136

小结 ·· 142

第 8 章 智慧农业的数字孪生 ·· 143

8.1 农业的数字孪生 ·· 143

8.2 数字孪生构建智慧农场 ·································· 144

　　8.2.1 人工智能预测植物生长状况 ···························· 145

　　8.2.2 虚拟现实模拟三维数字农场 ···························· 146

　　8.2.3 区块链技术实现供应链管理 ···························· 147

8.3 数字孪生应用于农业领域仍存在的问题 ············· 148

小结 ·· 148

第 9 章 社交媒体对数字孪生的看法以及数字孪生成熟度模型 ············· 149

9.1 数字孪生概述 ·· 149

9.2 社交媒体分析方法论 ···································· 151

9.3 数字孪生媒体数据分析 ·································· 152

　　9.3.1 关于数字孪生媒体数据的时间序列分析 ············· 152

　　9.3.2 数字孪生媒体数据的无监督聚类 ····················· 152

9.4 通过行业分析媒体数据 ································· 155

9.5 成熟度模型 ··· 159

　　9.5.1 成熟度模型的背景 ······································· 159

　　9.5.2 数字孪生的成熟度模型 ································· 159

小结 ·· 163

第 10 章 元宇宙综述 ··· 165

10.1 元宇宙和交互技术 ······································ 165

　　10.1.1 虚拟现实技术 ··· 166

　　10.1.2 增强现实技术 ··· 166

　　10.1.3 混合现实技术 ··· 166

10.1.4　全息影像技术 ·· 166

10.1.5　脑机交互技术 ·· 167

10.1.6　传感技术 ··· 167

10.2　元宇宙中的区块链 ··· 167

10.3　元宇宙与人工智能技术 ··· 169

10.3.1　计算机视觉：为元宇宙的构建提供虚实结合的观感 ··· 170

10.3.2　机器学习：强大的技术支撑工具,完善元宇宙运行效率
　　　　与智慧化发展 ·· 171

10.3.3　自然语言处理：保障元宇宙主客体之间的准确理解与
　　　　交流 ··· 171

10.3.4　智能语音：元宇宙中语言沟通支撑工具,实现元宇宙中
　　　　用户的语言识别与个体交流 ···························· 172

10.4　元宇宙和网络及电子游戏技术 ································· 172

10.4.1　游戏引擎：为元宇宙各种场景数字内容提供最重要的
　　　　技术支撑 ··· 173

10.4.2　3D 建模：为元宇宙高速、高质量搭建各种素材提供技
　　　　术支持 ·· 173

10.4.3　实时渲染：为元宇宙逼真展现各种数字场景提供至关
　　　　重要的技术支撑 ··· 174

10.5　元宇宙和网络及运算技术 ······································ 174

10.5.1　5G/6G 网络：为元宇宙感知物理世界万物的信号和信息
　　　　来源提供技术支撑 ··· 174

10.5.2　云计算：为元宇宙提供高速、低延时、规模化接入传输
　　　　通道,更实时、流畅的体验 ······························· 175

10.5.3　边缘计算：为元宇宙用户提供功能更强大、更轻量化的
　　　　终端设备 ··· 176

10.6　元宇宙和物联网 ··· 176

10.6.1　感知层：元宇宙的"皮肤" ································ 177

10.6.2　网络层：元宇宙的"中枢" ································ 178

10.6.3　应用层：元宇宙的"大脑" ································ 179

参考文献 ··· 180

第1章 数字孪生的概念及发展

随着时代的发展,高科技产业发展迅速,各种新时代技术不断涌出,例如,云计算、区块链、人工智能等,给人们的日常生活带来了巨大的便利。图 1.1 展示了一些高新热门技术的相关概念。数字孪生技术也在这股浪潮中诞生。数字孪生技术目前属于前沿技术,在工业生产、医疗保健、智慧城市、交通物流等领域已有许多相关的应用。多家大型公司都在进行数字孪生的研发,希望通过数字化手段改变整个产品全生命周期流程,并连接企业的内部和外部环境。数字孪生近几年的发展主要是源于大数据、电子控制、网络、人工智能等信息技术的突破,尤其是物联网技术的发展,使得物理世界的数据能够快速、准确地传送到虚拟世界,使得实时仿真、双向交互和智能控制成为可能。本章从定义以及发展历程两方面对数字孪生进行讲解,带领读者初步了解数字孪生技术。

1.1 什么是数字孪生

1.1.1 数字孪生的定义及特征

数字孪生,也称数字镜像、数字化映射等。中国电子技术标准化研究院给出的定义是,充分利用物理模型、传感器更新、运行历史等数据,集成多学科、多物理量、多尺度、多概率的仿真过程,在虚拟空间中完成映射,从而反映相对应的实体装备的全生命周期过程。通俗来说,数字孪生实际上是通过将物理世界进行数字化处理,在网络空间构造一个与之对应的"虚拟世界",形成物理维度上的实体世界与信息维度上的数字模型同生共存、虚实交融的新形态。在这个过程中,用到了诸如物云计算、雾计算、边缘计算的应用可提高能源系统的计算能力，实现系统运行的低时延和高可靠性，由此满足能源系统在能源大数据驱动下的实时管理和资源分配

可以在VR中建立更加真实的模型，实时观测，并且及时做出判断，方便且直观地解决能源问题

实时监控采集需要实时监控、连接、互动的各种物体或互动过程，采集各种技术需要的智能信息，由不同的物联网络信息接入其中，最终实现万物的互联

云计算 **虚拟现实** **5G、物联网**

去中心化的能源交易模式能够为整个电网的负载平衡提供更多的解决方案，可以通过P2P交易模式，调动不同的消费者自产能源的总量，从而实现负载平衡

为构建更为有效的产业结构链，将深度学习技术应用于智能电网中的电力系统负荷预测、电力智能调度、电网设备维护等方面，可以有效提高工作效率

数字孪生可以将能源互联网工作的环境参数和负荷状态作为输入量，通过仿真模拟各组成部分的实时状态，为决策平台提供精准的数字化参考

区块链 **人工智能** **数字孪生**

图 1.1 高新热门技术简介

联网、大数据、机器学习等高新技术。目前，数字孪生在多个领域实现了应用，图 1.2 为基于数字孪生技术的智能电网系统架构图。

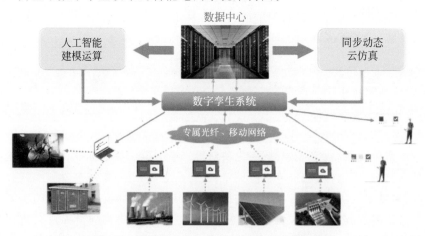

图 1.2 基于数字孪生技术的智能电网系统架构

从数字孪生的定义可以得出,数字孪生有以下几个典型特点。

1. 双向操作

双向操作是指数字孪生可以连接现实世界和虚拟世界,数字孪生解决了现实世界和虚拟世界的联系。数字孪生中的物理对象和虚拟模型能够双向映射,两者实时连接,可以随时进行动态交互。动态交互是指数字孪生能够理解、预测产品、设备或过程,并且能够对物理产品实施控制,改变产品的状态,实现很多在现实世界中很难实现的操作,从而实现对产品、设备或过程的优化,进一步激发数字化创新。

2. 持续性

现实世界和虚拟世界之间的互动是不间断的,贯穿整个数字孪生的全生命周期。虚拟对象在一定程度上可以用来直接描述它对应实体对象的状态,并保证对设备状态的可视化操作。对全生命周期的监控能够让管理者及时发现并解决问题,分析问题产生的原因。在系统积累一定数据后,对未来进行预测,从而降低系统的维护成本、时间及风险,并持续地推动产品优化。

3. 高仿真性

数字孪生的高仿真性是指虚拟模型能够完整描绘出现实世界。不仅在外观上高度相似,而且在状态、相态和时态上也要保持一致。要实现高仿真,需要不断获取现实环境的状态数据,用于虚拟世界的动态更新。同时,更新后的虚拟模型可以动态指导现实世界的活动,物理系统和虚拟世界的实时交互使得整个系统能够在生命周期内不断成长与演化。除此之外,要注意在不同的应用场景中,所需要的仿真程度可能不同。例如,医疗产业中的数字孪生,只需要获取用户的生理数据,为保护用户隐私,不必获取患者的位置信息。

4. 智能决策

数字孪生可以融合人工智能、数据挖掘等技术,实现物理空间和虚拟空间的虚实互动,辅助系统决策,对系统进行持续优化。通过智能决策对数字孪生进行赋能,能显著提高数字孪生的应用范围,并且智能决策能让人们更加深入地了解现实系统,在原来数据的基础上发掘出更深层次的价值,如故障预测、数据挖掘、设备管理。在智慧城市中,智能决策能带来更高的价值。

1.1.2　数字孪生与传统仿真的区别

自数字孪生概念诞生以来,如何将其与传统仿真模拟进行区分,一直困扰着众多研究者。实际上,数字孪生背后就是建模和仿真技术。数字孪生最诱人的地方,是数字模型和物联网的结合,而这种结合的最终目的是将模型打磨得更加接近真实系统。物联网技术为建模提供了一种新的强有力的手段，而且在对复杂系统机理缺乏足够认识的情况下，还可基于所采集的数据利用人工智能技术对系统进行建模。这是对建模技术的发展和补充。而基于模型的分析、预测、训练等活动，本来就是仿真要做的事。由于数字孪生的出现，传统的建模和仿真目前正在运营监控、控制和决策支持方面发挥作用。所以数字孪生本质上是新一代信息技术在建模和仿真中的应用。

具体来说，传统的建模仿真是对独立单元的建模仿真。而数字孪生需要模拟系统设计、制造、运营、维护的整个流程。数字孪生贯穿产品的创新设计环节，也包括制造环节的价值链，以及运营维护的资产管理环节。数字孪生是动态的，在数字对象与物理对象之间必须能够实现上下行的数据交互，这样才能让这个数字孪生运行具有持续改善的工业应用价值。上行与下行数据的交互与商业环境相比需要考虑周期性、数据接口与信息建模，以便提高效率。数字孪生还可用于解决传统机理模型无法解决的非线性、不确定性问题，数字孪生技术可以与机器学习、深度学习构成一个不断进化的系统。目前主流的驱动模型有两种：模型驱动（Model-Driven）和数据驱动（Data-Driven）。其中，数据驱动更容易理解，并且方便传统行业的升级。所以目前大多数数字孪生应用采用的是数据驱动的方式。最后，传统建模仿真和数字孪生的关注点也不同，前者关注建模的保真度，也就是可否准确体现物理对象特性和状态，后者在仿真的基础上，还会实时关注动态的变化关系。

1.2　数字孪生的发展

1.2.1　数字孪生的发展历程

数字孪生的发展历程经历了三个阶段，如图 1.3 所示。

首先是第一阶段，即数字孪生想法的诞生阶段。数字孪生这一概念最早出现在 1970 年美国阿波罗 13 号救援任务中。航天器发射升空后，氧气罐突然爆炸，情况危急。为了拯救宇航员，美国航空航天局（NASA）通过阿波罗 13 号的数字模型进行模拟，在多次尝试后制定了解决方案，并将其发送给航天器中的宇航员，最终化险为夷。这次事件可以说是应用数字孪生的最早的实践。“数字孪生”一词最早出现在 2002 年。Michael Grieves 在密歇根大学为 PLM（产品生命周期管理）中心成立而向工业界发表演讲而制作的幻灯片中，首次提出了 PLM 模型。模型中提到了现实空间和虚拟空间的概念，这已经具备了数字孪生的所有要素。之后在 2006 年，又延伸出了信息镜像模型，如图 1.4 所示，这也可以称作数字孪生的前身。

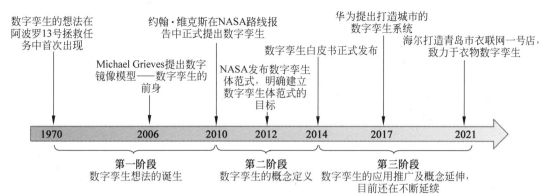

图 1.3 数字孪生的发展历程

2010 年,数字孪生由约翰·维克斯在 2010 年 NASA 的路线图报告中正式提出,标志着数字孪生的正式诞生。

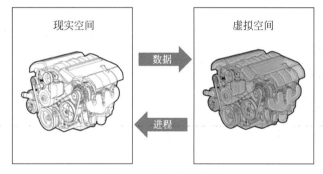

图 1.4 信息镜像模型

自 2010 年后,数字孪生进入发展的第二阶段,即数字孪生的概念定义阶段。此时,全球多个组织相继对数字孪生展开研究。2011 年,美国空军探索了数字孪生在飞行器健康管理中的应用。2012 年,NASA 发布数字孪生体范式,明确了建立数字孪生体范式的目标,并在技术路线图中大量使用数字孪生一词。2013 年,美国空军将数字孪生技术纳入《全球科技愿景》。2014 年,数字孪生白皮书出版,数字孪生第一次有了概念上的定义。自此,数字孪生进入下一个阶段。

第三阶段,即数字孪生的应用推广及概念延伸阶段。从 2014 年开始,西门子、达索、PTC、ESI、ANSYS 等知名工业软件公司,都在市场宣传中使用 Digital Twins 这一术语,并在数字孪生的技术构建、概念内涵上进行了很多研究。同时,为了抢占市场,各大公司也致力于制定行业规范以及多个领域的白皮书,进而导致大量的数字孪生应用不断涌现:2014 年,斯坦福大学和惠普合作开发了一种用于模拟人类心脏功能的综合模拟器；2017 年，华为的智慧城市数字平台开始建设城市的数字孪生；2018 年，新加坡宣布完成虚拟新加坡数字孪生项目，同年，劳埃德船社强调了数字孪生在其海洋和近海行业保障框架中的作用；2020 年，澳大利亚新南威尔士州政府推出了西悉尼的空间数字孪生；2021 年，海尔推出了衣联网智慧门店，用于构建服装行业的数字孪生系统。

1.2.2　数字孪生的构建

介绍完数字孪生的应用场景，现在来介绍数字孪生的构建过程。数字孪生大体上可分为物理设备与数字模型两个部分，分别掌管物理世界和虚拟世界。两者间的"距离"体现出了数字孪生系统的成熟度。综上，数字孪生的构建总体分为四个阶段，也可看作实现数字孪生的四个步骤，如图 1.5 所示。

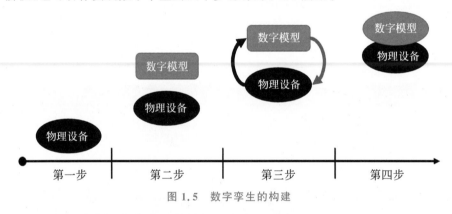

图 1.5　数字孪生的构建

第一步，收集物理设备的相关信息以及用户需求。

第二步，构建物理设备的数字模型。此步实现了物理模型的数字化，实现了设备的静态模拟。建模技术是数字化的核心技术之一，如测绘扫描、几何建模、网格建模、系统建模、流程建模、组织建模等技术。

第三步，实现数据在物理设备与数字模型间的双向交互。有了数据的交互，就可以实现设备的动态模拟，实现各种操作。例如，可以直接在虚拟空间进行设备的优化，将优化结果返回到物理设备中，实现设备的虚拟调试。同时，物理设备的状态需要实时传递到数字模型中，作为数字模型的初始值和边界条件。物联网技术是实现物理设备与数字模型交互的重要技术。物联网作为现实世界与虚拟世界的桥梁，能够将物理设备的状态变为可以被数字模型所能感知、识别和分析，并将指令传递到物理设备当中。

第四步，实现数字孪生的智能化，达到真正的"虚实结合"。当数据累积到一定程度后,根据数字化模型,通过物理学规律和机理来计算、分析和预测物理设备的未来状态。并且这不仅是对单个阶段的分析预测,而是对设备全生命周期的分析预测。同时,根据机器学习,甚至可以依据不完整的信息和不明确的机理来预测未来,实现真正的自动化。在此基础上,实现多个数字孪生系统间的交互,就可以组成更大范围的数字孪生系统,最终实现全球的数字孪生化。

小　结

　　本章介绍了数字孪生的定义及特征,并将其与传统仿真进行区分。对数字孪生有一个初步的认识。之后介绍了数字孪生的发展以及构建过程。目前正处在数字孪生发展的巅峰期,许多公司将数字孪生融入当前的产业体系当中,期待带来更大的效益。除此之外,为了扩大生产规模,设置行业门槛,一些公司也在制定数字孪生的行业标准。但对数字孪生本身的发展来说,5G、NB-IoT 等新技术的出现,才是数字孪生不断发展的根基,只有不断完善自身,才能将数字孪生推广到更多的应用场景当中。

第2章 数字孪生的应用领域

$\mathbf{数}$字孪生凭借其集中性、完整性、动态性等特点，在近几年快速发展，并与其他技术进行融合，在多个领域得到了实际应用。本章对数字孪生在多个领域的应用进行介绍和总结，带领读者初步进入数字孪生的世界。

2.1 数字孪生在工业生产中的应用

现代工业已进入全方位数字化的发展进程。在以提高生产效率、改进产品质量、提升产品性能为目标的生产体系中，现代工业对数字设计和生产流程数字化日益依赖。在向工业4.0过渡的过程中，需要解决的问题之一是构建物理世界和数字世界间的沟通渠道——这就是数字孪生最主要的作用。数字孪生不仅为工业生产加速创新提供了机会，更极大地改变了工业体系的传统模式，为传统生产体系注入全新的动力。今天，在工业互联网的统筹下，工业智能正在逐步形成，数字孪生就是引领工业智能的关键。目前，这一技术主要应用在"高价值"领域，例如火箭制造、石油和天然气的开采系统。根据Gartner技术发展趋势分析，数字孪生技术在未来5~8年将趋于成熟。随着5G和工业物联网平台的广泛应用，全球数字孪生技术必然会得到大规模应用。

2.1.1 智慧工厂

通过数字孪生实现智慧工厂，就是以数据和互联网为媒介，将工厂数据传到虚拟空间中。数据在虚拟空间进行分析后，将结果传回工厂，作为决策的依据。在孪生数据的驱动下，实现在物理工厂与虚拟工厂间的交互迭代运行。最终使物理工厂不断得到进化,直到工厂生产和管理方式达到最优。物理工厂和虚拟工厂交互融合如图2.1所示。

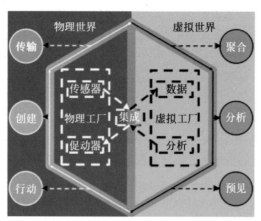

图 2.1　物理工厂和虚拟工厂间的数据交互

基于数字孪生的智能工厂在产品生产的生命周期内的各个环节都具有重要作用。对于产品设计者来说,可依靠数字孪生开展产品可靠性仿真和分析,进而开展设计改进,提高产品的可用性。对于制造商和验证方来说,可通过数字孪生并结合产品实物开展可靠性评价等工作。对于使用者来说,可依托数字孪生开展产品的可用性预测等工作。对于维护方来说,可依托数字孪生开展产品的保障性分析和预测性维护等工作。设备报废时,可依托数字孪生开展产品各系统剩余寿命分析和再制造评估等工作,有助于下一代产品的设计。

2.1.2　生产监控

数字孪生能够实现对工业生产线的实时监控,这也是数字孪生最基本、最常用的应用。目前大多数工厂采用的都是数据驱动的模式,即通过采集实时数据来更新模型状态。根据展示的形式可以分为三维展示和二维展示。和一般的二维图表或三维模型展示不同的是,数字孪生数据的交互是双向的。在数字孪生中不仅实时显示设备状态,而且可以通过控制模型来控制物理设备。这类似于计算机的远程操控,但是界面显示更加具体,并且数据也更加精确,能够进行更加精细的操作。

目前已有许多学者以及企业实现了数字孪生在工厂中的应用。Chaiwat 提出了可以自我发展和建设的数字孪生系统,结合自动化工厂的金字塔结构,提出将数字孪生作为金字塔各层数据交互的桥梁,这样就可以在不改变工厂结构的情况下实现工厂的自动化。Yingzhou Peng 提出了一种基于数字孪生的电源转换器状态监测系统，能够监视降压转换器中关键组件的健康情况，无须添加其他的测量电路，使得维护更加简单。Shimin Liu 通过数字孪生技术，实现了基于多源异构数据的工业数据增强现实动态视图，并且将该视图应用到复杂产品的生产的实时监控当中，促进操作员和加工设备间的协作。SHION 公司在塑料注射成型的生产链中，部署基于云的智能 AI 数字孪生系统，用于发现和预测有缺陷的产品，并且证明了数字孪生在工业中部署的可能。

舒勒公司已经开始在实际生产中加入数字孪生。舒勒公司的副总裁 Simon 提出了在舒勒公司部署数字孪生工厂的解决方案，已经取得了初步成效。其建设的智能冲压车间（Smart Press Shop）能够准确预测设备的停机时间。自 2016 年以来，舒勒压力机生产线的滑块和床身中都装有传感器，作为测量每冲程加速度的标准组件。这意味着它们已经能够详细监视其系统状态和成型过程。使用数字孪生技术实现的智能诊断功能，可以在设备出现故障时，及时进行回顾分析以确定原因。图 2.2 展示了舒勒公司的智慧工厂概念图。

图 2.2　舒勒公司的智慧工厂概念图

2.1.3　工业部署

既然数字孪生如此有用，那么对于如何将数字孪生部署到实际工厂中，目前也有许多学者提出了相关方案。Thomas 等人提出,数字孪生在工业 4.0 中,可以进行自动数据采集并进行数据处理,并介绍了多模式数据采集的方法。他们使用该方法指导在中小企业的生产系统中部署数字孪生。Jiapeng Guo 提出了模块化的数字孪生工厂设计,使用模块化的思想来设计工厂。模块化方法的思想是预先构建与物理实体相对应的数字化模块,可以仅对工厂的部分重要的部分进行建模。当物理实体发生变化时,模块将根据传感器传来的数据进行相应的变化。通过模块化方法,可以大大减少建模时间。当工厂的生产需求发生变化时,模块化的数字孪生工厂仅需调整部分模块,即可实现相应的需求,非常灵活。Shvedenk 提出了一种基于物理系统对象分解的数字双投影交互方法,采用共线结构,保证数字孪生投影形成的数据流的联合使用。通过数字孪生来模拟复杂系统,既可以让尽可能多的关键员工参与项目的开发和部署,又易于设备的配置和调整,增加部署的灵活性。在建模方面,Zhang 团队提出了一种基于自动化标记语言(AutomationML)的信息建模方法,为工厂提供了一种安全高效的数据建模方法。可以以标准化格式封装和定义各种制造服务,然后将相应的虚拟制造资源集成到制造系统中。

从目前的研究中可以看出,数字孪生将会是未来智慧工厂的核心技术。数字孪生技术可以对原有的产业模式进行优化,满足工厂的生产需求。另外,工业互联网对网络可靠性和实时性要求较高,这受到硬件的限制,所以数字孪生在工业中普及需要很长一段时间。但是在目前的方案中很少提出如何保证数字模型的可靠性。在此拟提出一种方案,即将区块链应用到数字孪生中。利用区块链的加密学特性,来保证数字孪生程序的数据不变性。这样可以保证数据来源的可靠性,也能保证数据网络的安全。

2.2　数字孪生在医疗领域中的应用

现代医疗领域不仅包括对患者的治疗,而且包括健康管理、疾病预防以及健康恢复等方面。随着互联网的普及,人们对医疗服务的需求正由线下模式转到线上为主、线下为辅的新模式。当前医疗领域对老年健康服务、慢性病和亚健康人群的服务较为缺乏。疫情期间,宅在家中的人们开始意识到,家庭中的医疗设施是极其缺乏的,缺乏有效的方式使居民获得医生的健康指导和治疗方案。

数字孪生作为一种多方面融合的技术,可以创建生命体的数字模型。这为数字孪生在医疗方面的应用提供了理论支撑。数字孪生能够直观地展示人体的各种数据。通过数字孪生构建生命体的数字模型,可以对整个生命体实时监控,为疾病治疗、健康监控、运动管理等领域提供了全新的实现方式。

2.2.1 疾病治疗

当前数字孪生在医疗方面的主要应用主要还是辅助治疗领域。例如，虚拟医生或护士使用的医疗软件的沉浸式界面。目前，国外已有西门子旗下的Healthineer公司开发的数字孪生心脏(Digital Twins of the Human Heart)系统，可为患者提供器官的 3D 影像并模拟其生理状况，能够支持基于 AI 的个性化心脏治疗。

除此之外，还可以利用数字孪生对患者的术后状态进行规划。例如，肝切除术后衰竭是肝脏病人术后死亡的主要原因，通过数字孪生模拟手术，进而预测术后门静脉高压症的发病风险，对治疗方案进行调整。在心血管治疗方面，研究人员开发了一种半主动式数字孪生，用于从头部振动中检测颈动脉狭窄情况，模拟患者对治疗的反应，从而可以预测潜在的并发症。在远程手术方面，Laaki 的团队开发了一种用于可靠通信的数字孪生系统，以分析任务关键型应用程序(例如移动网络支持的远程手术)中的通信需求。为了测试系统的网络安全，他们合并了一个网络操作模块，用于测试网络中断和攻击的影响。由于该系统的性能不足，设备反馈延迟高，并没有在实际人体中进行手术。但是基于这项研究，可以看到未来数字孪生技术在手术医疗方面的应用前景。

医院也可以看作一个小型的"工厂"，其中包含各种服务，需要在医疗资源和患者之间寻找一个平衡。然而，医院目前正面临着不断变化的医疗需求。这要求医院必须随着需求不断添加新服务，并且还要提高这些服务的效率。通过构建医院的数字孪生，来控制医院的资源利用率，调整当前医院的服务规划，有效提高了医疗资源利用率，并对医院的未来发展进行规划。图 2.3 表示使用 Flexsim 系统描绘出医院中患者路径的 3D 模拟模型，该模型可以有效规划患者行动路线，提高医疗资源利用率。

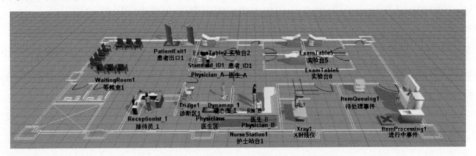

图 2.3　使用 Flexsim 系统模拟患者行动路径

数字孪生还可在未来实现患者的精准医疗,也可以称作个性化医疗,即对同一病症的不同患者采取不同的治疗方案。精准医疗可以最大化地利用医疗资源,使用最少的药物实现最好的治疗效果,也可以减少药物对患者的副作用。通过数字孪生可以轻松实现个性化医学。首先,收集患者的身体数据构建其数字模型。然后,从数据库中找出该病症常用药物对患者的数字孪生镜像进行测试,主治医生获取智能分析结果,并根据经验来更新患者的孪生镜像,不断重复这个过程,直到找出最佳的药物,并将其存储到数据库中。最后,由医生治疗患者。精准医疗过程如图2.4所示。

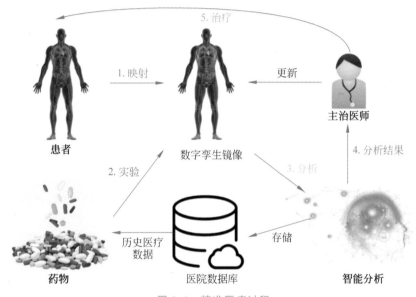

图2.4 精准医疗过程

数字孪生可以构建单个患者与疾病机制相关的所有分子的数字副本,并使用数千万的药物对副本进行实验,以确定治疗效果最佳的药物。精准医疗通过将个人数据与社会相联系,从而充分利用大数据的智能化优势。精准医疗保健的到来意味着技术驱动的医疗服务数字化转型,它将通过新颖和针对性的医疗方法实现个性化的预后处理。例如,对于阻塞性睡眠呼吸暂停(Obstructive Sleep Apnea,OSA)的相关研究发现,造成OSA的原因有很多,通常是多种因素共同作用所导致的。其中,颅面畸形或综合征、上呼吸道的解剖学和几何学变化、体重增大是造成该病症的主要原因。使用患者的数字孪生模型预先评估治疗程序的治疗效果,可以显著减少患者诊断和治疗所需的时间,并根据不同患者的状态,提供具体的治疗方法。此外,通过将与年龄相关的生物学参数加入数字孪生模型,可以预测OSA

的出现并进行预防性干预。

2.2.2 健康管理

近年来，卫生机构数量、医务人员数量、医疗机构资产、人均住院费用和参保人数均呈逐年增加的趋势。目前的医疗资源大多都用在治疗方面，伴随着人口的增加，将会不断加剧医疗资源不足的问题。通过疾病预防、健康管理和疾病恢复，将会减少疾病的发生频率，缓解医疗压力。但这些领域严重缺乏医疗设施和专家，很难在社会中普及。数字孪生提供了一种可行的方法用于实时监测人们的身体状态，可以在人们的云医疗保健服务中提供强大的支持。其中，数字孪生医疗保健(Digital Twins Health，DTH)和健康 4.0 的提出，为未来的医疗发展指出了新的方向。DTH 是一种用于医疗活动或医疗系统的新型医疗概念，它使用数字孪生技术以及多科学、多物理和多尺度模型来提供快速、准确和高效的医疗服务。健康 4.0 是被动型医疗向主动式医疗保健的转变。它提倡从生活方式、心理、社会经济、生活环境、文化宗教等多个方面构建人体的数字孪生，进而判断人们的健康状况。

目前也有许多数字孪生在健康管理方面的研究。Bagaria 通过智能手表等传感器，接收人们的身体指标，然后构建数字模型，用于管理人们的心理健康。他发现人们的情感变化会使得部分器官的状态改变，进而引起人体生理状态的变化，这使得人的情感可以进行监测。之后通过数据分析找出用户情感来源，并对用户行为进行干预，调节用户情绪。Liu 提出了基于数字孪生医疗保健系统的云医疗保健系统框架。这是一种在云环境中的可扩展的框架。该系统借助云计算与 DTH 结合，确保快速为用户提供高质量的服务。这种框架将通过云端存储用户数据，能够利用云端的保密机制，保护数据的安全。通过哈希算法组织数据，能加快数据查找的速度。对于慢性病人的健康管理，可以有效防止疾病恶化，并在一定程度上改善病情。Vaskovsky 通过数字孪生技术分析糖尿病患者的饮食记录，根据病人的病情以及个人喜好制定饮食方案。

2.2.3 运动规划

运动是人们保持健康的一个重要途径，但是仅根据自我感觉制定合理、健康的运动规划是较为困难的。尤其是对运动员来说，如何制定训练计划来提高成绩，是每个运动员最为关心的问题。数字孪生可以通过嵌入在可穿戴设备中的传感器对身体状态进行实时监控，获得人们在运动时的身体信息，将测量结果存储为历史数据，进行进一步的数据分析，提供可靠预测的能力。根据运动时的身体状态，对运动规划进行实时调整。

目前在国外,由 Barricelli 团队推出的 Smart Fit 系统可帮助专业运动队的教练来监视和分析有关运动员的健康状况。系统存储了诸如摄取和燃烧的卡路里数量或睡眠时间等数据,并记录运动员在最近几天中的行为(例如,食物摄入、活动、睡眠)。通过该系统,教练可以实时观测运动员状态,并对训练计划进行调整。同时,Smart Fit 可以对运动员的身体状况进行预测,并对训练计划提出修改建议。

2.3　数字孪生在智慧城市中的应用

目前正处在城市化的新时代,世界城市人口占到总人口的 50%,城市化的规模和发展速度逐步加快,这被称为第二次城市化浪潮。与此同时,自第三个千年开始以来,城市化的增长速度比过去更快,这是信息技术应用在城市生活各个领域的时代,这是第三波城市化浪潮。根据联合国的估计,预计到 2050 年,世界城市人口将增加一倍,那时将会有三分之二的人口居住在城市。城市化的速度加快已成为许多城市的主要负担。随着世界城市化不断加速,城市的结构也越来越复杂。各种大型城市的出现,对城市的管理也越来越困难。正是在这种背景下,智慧城市的普及也就越来越有必要。智慧城市凭借其先天优势,是未来城市的最佳发展方向。智慧城市的核心思想是建立连接人力资本、社会资本之间的桥梁。城市的智能化将会成为未来发展的趋势。

智慧城市的概念可以追溯到 1994 年,当时阿姆斯特丹市是第一个致力于创建和整合虚拟数字城市概念的城市。限于当时的科技水平,智慧城市在当年并没有得到大力推广。在此之后,智慧城市一直在曲折中发展。直到数字孪生的出现,为智慧城市的发展提供了一条新的思路。数字孪生的出现为智慧城市的发展提供了捷径,智慧城市的建设与数字孪生的特点交相呼应。智慧城市拥有多维感知、多维数据、多维智能的特点。传统的二维展示已经无法满足智慧城市的展示要求和交互要求。数字孪生具有集成多学科、多尺度、多概率的特点,可以很好地满足智慧城市对现实世界的虚拟映射。数字孪生在智慧城市的建设中具有天然的优势。

2.3.1　城市规划

数字孪生在智慧城市中的应用是多方面的,其中最突出的就是数字孪生在智慧城市可视化中的应用。在数字孪生出现之前,最常见的就是使用城市的 3D 模型用于数据可视化。3D 模型作为一种非常直观的多媒体显示工具,广泛用于楼盘展示和土地规划,这类模型在建模时只考虑了外观和形状。数字孪生能够将 3D 模型变成与城市景观和城市环境相关的信息源,成为管理智慧城市的基础。在智慧城市的背景下,使用数字孪生带来的不仅是更直观的城市监控,更重要的是创建各种模型对城市的未来进行预测。例如,如果增加某条道路的流量,对该区域的噪声和空气质量会造成什么样的影响？数字孪生需要大量的观察结果,定义多个因素间的因果关系和数学模型。同时,在建造仿真模型进行预测的过程中,会用到大量的机器学习算法。

数字孪生对城市公共设施的建设也有很大的帮助。为应对智慧城市未来交通的运维需求,需要一个能够对道路进行智能管理的系统。Gang Yu 和他的团队设计出了智能道路的实现框架,用于实现城市道路的智能运维。他提出了用于组织、收集和融合道路整个生命周期空间数据的方法,并定义了未来智慧城市道路的运维功能要求,制作出了用于道路维护的 COBieber 模型。该模型与其他模型的不同之处在于采用 COBie 标准,即不通过 ID 而是通过组成集合来管理道路中的设备。在设计阶段将系统信息整合到组成集合当中,在集合内通过设备类型区分不同的设备。之后以集合为单位获取空间信息,并对其进行维护,方便了对道路设备进行管理,是一种很好的思路。图 2.5 表示用于道路维护的 COBieber 架构。

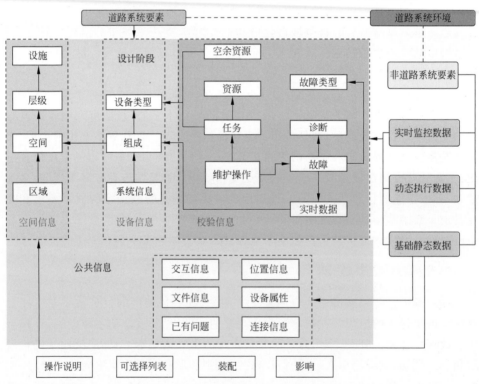

图 2.5　用于道路维护的 COBieber 架构

2.3.2 城市治理

在城市治理方面,数字孪生也有一定的成果。2018年,Foth讨论了城市政府与市民关系的四阶段革命,提出市民和政府在未来的最佳关系是合作者与共同创造者。智慧城市中公民的参与将更有利于城市的建设。然而传统的公众参与形式,例如公众咨询、问卷调查、公众会议等,民众参与城市建设时的效率很差,而且很难保证决策的公平和合理。他提出了"Digital Citizen Participation"的概念,用于市民参与到智慧城市的管理与建设中。Yeji也提出"自组织模型"来管理城市,即通过数字孪生,构造城市的数字模型,让每个公民参与到城市的建设中。2020年,Svítek也提出类似的智慧城市的管理方式,即将人工智能和人类进行结合,平衡城市中的各种利益冲突,并使每个公民都能参与到城市的建设中,强调让市民参与到未来城市的建设中。目前迪拜的"幸福议程"就是使公民参与城市建设的智慧城市良性案例,迪拜被称为"最幸福"的居住地之一,通过各种参数定义市民的"幸福"。通过数据分析,合理分配城市资源,进而提高整体城市的"幸福指数"。

在市民安全方面,美国纽瓦克市就通过基于数据的智慧城市平台来打击城市犯罪。使用该平台来分析犯罪报告、犯罪嫌疑人犯罪历史,进行特定地区的犯罪风险分析,打击违法犯罪行为,维护城市安全。在个人健康方面,IEEE提出了用于健康和福祉的ISO/IEEE 11073标准化数字孪生框架体系结构。该框架涵盖了从个人保健设备收集数据,对该数据进行分析并反馈给用户的一系列过程。当该系统在城市级别的环境中使用时,可以反映出市民整体的健康情况,改善全市医疗服务。

2.3.3 未来的智慧城市

数字孪生作为智慧城市不可或缺的一部分,让人们看到了未来智慧城市的雏形,但关于智慧城市作为数字模型和实体城市无缝交互依然存在许多问题。目前,数字孪生智慧城市的发展停留在GIS和BIM融合,用于Web和移动平台进行城市的展示阶段。对于智慧城市的未来发展,主要还是看城市对人力资源的掌控。此外,专注于资源开发以及创新的城市发展前景更好。近几年伴随COVID-19的爆发,使得人们对远程办公的需求更加强烈。另外,远程工作可以让公司不再租用办公室，能够减少公司的开销。目前，远程工作的主要问题就是在家的工作环境和公司差距较大，并且沟通不便。智慧城市的构建，可能是未来实现远程办公方式的一种全新途径。

2.4　数字孪生在商业领域中的应用

随着数字化技术的发展，全渠道销售已经成为零售行业的一种商业规范。零售商根据不同渠道的特点，采取最适合该渠道的商业模式。例如，在线下设置虚拟的在线展示柜，让顾客在不接触商品的情况下，尽可能多地了解商品的信息。或者在线上展示商品信息并将其邮寄给顾客。后一种形式称为网购，也是近几年来最火爆的一种商业模式。线上和线下两种销售渠道，是当前最主流的两种销售模式。

2.4.1　线下销售

对于商品的线下展示，在过去的几十年中，数字技术的广泛应用日益改变了人们与商品的交互方式，人与信息之间的交互越来越紧密。早在 2015 年，Antonella 在一家手机店部署了智能屏幕交互设备，使得用户在等待时可以通过手机连接大屏幕，查看商品的详细信息。Antonella 在之后又提出了一种全新的应用于智能零售环境的交互式系统，该交互式系统利用了购物者已经熟悉的技术（如智能手机、智能手表、触摸屏等），为用户提供了新的交互方法。虽然这些方法一定程度上提高了用户与商品间的交互效率，但是这种方法缺乏沉浸式体验，需要一种全新的多媒体技术来加强用户与商品间的交互。近期，在 Punthira 的一项论文调查中，数字技术在商业中被大量使用，其中热度最高的就包括数字孪生技术。

数字孪生可以构建商品的虚拟化身，使顾客在不打开商品包装的情况下"接触"到商品。对于贵重商品来说，能让用户在不接触实物的情况下体验商品，能够极大地提高用户对产品的采购兴趣，并在一定程度上防止用户因为对商品不满意从而要求退货的情况。对于营业者来说，也可以防止商品因为展示而损坏。这与 AR 的概念十分相似，两者的主要区别是基于数字孪生生成的虚拟实体是动态的，交互性更强，能给用户带来更好的沉浸式体验。

2.4.2 线上销售

疫情改变了人们的生活方式。疫情的到来,许多人不得不改变他们的生活方式。人们开始习惯在家工作,在家学习,这也间接带动了一些产业的发展。美国的网上零售占比,从2011年的4.5%到2020年的10%,用了9年的时间。2022年因为疫情,仅在半年内网上零售占比增长到了16%。在线购物已经成为人们日常生活的重要组成部分。但是,随着网上店铺的数量增加,各大商店的竞争也越来越激烈。为了提高营业额,店主需要新的方法来吸引用户。在Morris的一项调查中发现,从众心理对用户的购买有很大的影响,因此增加商店的销售额将会是各大网店所追求的目标。当前商家常用的方案有很多,比如增加更加引人注目的内容,提供限时优惠,为用户提供个性化推荐。

这些促销方法能够帮助顾客找到他们所需要的商品,进而增加商店的营业额,但对于网购顾客来说,他们最担心的就是产品是否符合自己的预想。这也是线上购物对比线下购物的一个较大的缺点。数字孪生技术可以打消顾客的这一顾虑。通过在网上创建虚拟空间,生成用户和商品的数字孪生体,让用户在虚拟空间中体验商品。目前在线上商品体验方面,已经有了一定的突破。Kim通过数字拟合技术,对虚拟人体进行服装的设计。随着该技术的完善,可以使消费者在在线虚拟商店中试穿衣服,弥补在线购物的不足。阿里巴巴也在2016年提出了Buy+概念,即通过虚拟现实设备实现全方位的购物体验。

线上购物还有一个重要的环节——物流,这也是顾客最为关注的环节之一。为了保证商品能够顺利到达买家手中,商品的物流管理也是非常重要的一个环节。而仓库作为物流的起点,也是物流管理的起点。为更好地管理仓库,人们提出了离散事件模拟(Discrete Event Simulation,DES)这一概念。DES是一种系统过程的概念,每一步都环环相扣。使用数字孪生对整个流程进行虚拟化来实现仿真,能够预测系统性能、系统交互过程、决策改进。数字孪生与DES集成,将会是物流管理的最佳解决方案,能够高效地对仓库进行规划,更好地管理仓库并进行决策,同时提高物流行业的效率和服务质量。在未来,甚至可以生成每个商品的数字孪生,从商品的生产、存储、运输等过程进行实时追踪,保证商品的安全。数字孪生可以生成物流中心的数字镜像映射,进行动态的仿真,然后再通过智能分析对仓库的人力资源、仓库空间、存储成本进行规划,将更改后的计划反馈到现实仓库当中。当物流完成后,对用户和快递员的反馈进行总结和分析,为之后的决策提供依据。图 2.6 展示了数字孪生在物流管理的应用。

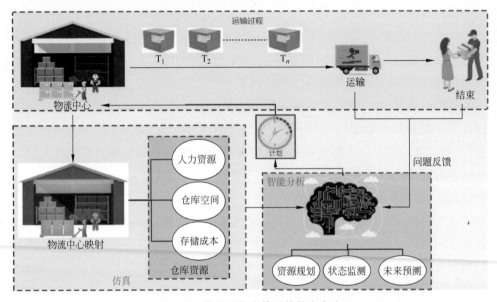

图 2.6　应用于物流管理的数字孪生

小　结

本章介绍了数字孪生在各领域的实际应用,对各领域的现状及需求进行阐述,说明数字孪生在各个领域的发展重点。

在工业生产领域,数字孪生在工业制造、模型构建、工厂管理等方面有着巨大的优势。尤其是在设备维护方面,数字孪生有着天然的优势。在医疗领域,数字孪生在疾病治疗、健康管理和运动规划中有许多的应用,可以辅助医疗工作人员进行治疗,甚至可以预测疾病。数字孪生在医疗领域最突出的贡献就是能够针对患者进行个性化医疗。数字孪生是建造智慧城市的关键技术,在城市规划、市民管理、资源管理等方面能够起到非常重要的作用。目前的智慧城市案例大多都处于初级阶段,期待之后数字孪生能够在智慧城市的建设中发挥更大的作用。商业领域有可能是未来数字孪生最先进行推广的平台,因为可以为商家带来看得到的收益。目前数字孪生在商业中的应用主要分为线上和线下两种。商家使用数字孪生的根本目的是增加店铺的销售额。同时,数字孪生在物流的离散事件模拟方面也有一定的应用。

数字化转型是世界经济未来发展的必经之路,世界经济数字化转型是大势所趋。从学术角度来看,数字孪生的应用也在不断地增加。未来,要想使数字孪生进入日常生活当中,需要数字孪生的应用程序更加准确,并且足够健壮,能够让用户正常使用。期望未来数字孪生能够进入日常生活当中,加快世界的数字化进程。

第3章　数字孪生中的物联网

数字孪生技术目前属于前沿技术,工业生产、医疗保健、智慧城市、交通物流等领域已有相关的应用。多家大型公司都在进行数字孪生的研发,希望通过数字化手段改变整个产品全生命周期流程,通过使用数字化的手段连接企业的内部和外部环境。数字孪生近几年的发展主要是源于大数据、电子控制、网络、人工智能等信息技术的突破,尤其是物联网技术的发展,使得物理世界的数据能够快速、准确地传送到虚拟世界,使得实时仿真、双向交互和智能控制成为可能。物联网作为互联网的延伸,能够实现跨系统间的信息传输。物联网作为传统互联网的延伸,能够为传统设备带来更高的价值,体现在通过实时监控、远程操作等来实现增值服务。物联网不仅是数字孪生的一部分,两者是相互依存、共同发展的关系。物联网的进步扩大了数字孪生的应用范围,数字孪生的发展能够使得物联网为系统带来更高的附加值,并且可以优化物联网构造体系,保证物联网的传输安全,加快物联网行业的规范化、统一化。

3.1　物联网简介

物联网是指通过传感器,将各种信息传感设备与网络结合起来而形成的一个巨大网络,用于对数据的收集、传输、预处理,实现在任何时间、任何地点,人、机、物三者的互联互通。物联网实际上是网络系统的扩展,而网络的主要目的是保证数据能够快速、安全地传输。和普通网络不同的是,物联网除了要解决传输速度、数据安全等基本问题外,还需要完成传感器优化、设备标准化、数据的处理分析等,实现"万物互联"。现在物联网还有许多的缺陷,首先是由于传感器设备昂贵、网络架设等问题,目前的物联网系统性价比极低,并且在农业等低成本领域,架设物联网对于用户来说意义不大。其次,当前物联网设备的准确度、使用寿命、可靠性都不理想,物联网系统大多在半年后就无法使用了。而且由于现代生产工业越来越复杂,需要连接的设备越来越多,目前各个厂商生产的设备标准不一,在物联网上集成智能设备的成本高、时间长,数据打通困难。最后,物联网中的数据安全也是目前需要解决的问题。

尽管现在由于传感器精度和成本、数据处理、设备标准化等问题,物联网的发展并不完善,但是其未来的发展前景是十分乐观的。物联网作为一种有软件、硬件、通信的综合型的技术领域,要想实现技术性突破,必须实现传感器、终端管理、网络管理、数据处理等多个方面的共同发展。传感器和终端是硬件相关的领域,网络需要有统一标准协议来保证,数据处理在物联网方面的缺陷则可以通过数字孪生来解决。图 3.1 展示了数字孪生和物联网结合的架构图。

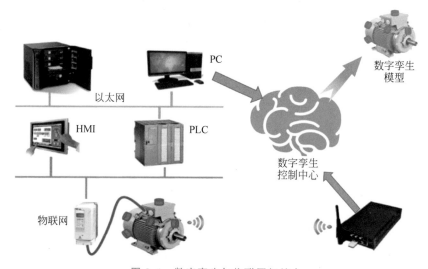

图 3.1　数字孪生与物联网相结合

数字孪生技术与物联网技术有很多的共通点,将两者结合可以应对各种挑战。数字孪生的实现难点在于如何实现在虚拟世界同步现实世界的行为,即如何打破现实世界与虚拟世界间的次元壁,物联网的出现完美地解决了这个问题。物理网作为现实世界与数字世界的桥梁,能够打通现实世界与虚拟世界之间的数据交互通道,使得数据在现实空间和虚拟空间双向传递。随着物联网技术不断发展,在未来延迟低、精度高、数据结构多样化的物联网会为数字孪生系统带来更加优质的体验,并承载更多的内容。数字孪生能够模拟现实的物联网系统,监视物联网运行情况，并进行预测。此外，数字孪生还可在虚拟环境中搭建物联网系统，用于模拟现实世界中物联网的运行情况，及时发现并解决潜在的问题，加快物联网技术发展。

3.2 数字孪生和物联网共同促进

3.2.1 数字孪生促进物联网发展

物联网的发展十分迅速。微电子技术的飞速发展使得物联网设备的尺寸越来越小，结构越来越多样化，功能也越来越丰富。如今世界每天有 29 亿人在访问物联网，占世界人口的 40%。物联网技术扩展了人类的感知能力，并且让人类具备控制数十亿个设备的能力。

随着物联网应用的增加，物联网设备的部署难度也随之增加。在部署物联网前，通常需要测试终端设备对基础设施的影响。但是当物联网过于庞大时，在现实世界进行测试需要花费大量的时间和金钱成本，并且对于一些恶劣环境很难去进行测试。数字孪生可以完美解决这个问题。通过数字孪生技术在虚拟空间构建物联网的数字模型，可对物联网的整个生命周期进行监测。使用数字孪生对物联网进行模拟，不仅可以减少成本，并且还可以实行一些在现实世界中无法进行的极端测试，方便后续对程序进行改进。下面将着重介绍数字孪生在物联网安全和物联性能提升方面的相关研究，以及目前在数字孪生中应用较为广泛的 NB-IoT。

1. 通过数字孪生保证物联网安全

物联网目前在日常生活中已经有了广泛的应用，例如，智能交通、智能家居、个人健康、环境保护、智能汽车等多个方面。物联网安全已经深入日常生活中。物联网与生活如此紧密，因此为了保障用户的使用安全，需要提高物联网的安全等级。传统互联网以边界防御为主，只需保护好对外接口即可，并且服务器相对封闭，在部署防火墙的情况下，黑客很难从中窃取信息。物联网相对于传统的互联网更容易受到攻击，原因就在于它没有明确的边界，是高度动态的。另外，物联网的通信介质、协议和部署平台多种多样，没有一个确切的标准。此外，造成物联网数据泄露的主要原因是许多物联网公司缺乏安全性专业知识，并且未将物联网安全作为关注的要点。因此，解决物联网现场实施中的安全和隐私问题需要多方合作，同时涉及技术和非技术方面。

物联网收集的信息必须是可靠、准确、保密的，除此之外，面对错综复杂的设备，物联网服务系统还需要确保个性化需求。通过噪声插入、逻辑锁定等方法对数据进行加密，是保证物联网安全的有效措施。为了更高效地对数据进行加密，许多学者对加密算法进行了研究。Zhiqiang 创造出一种基于 AES 和 DH 密钥交换算法的加密算法,在保证加密算法安全的同时对运算效率的影响较小。Agrawal 提出了针对物联网设备的轻量级椭圆曲线加密技术。Seyhan 提出了一种新的密钥交换协议,通过该方法能够缩短物联网中密钥的生成时间。Saad 使用数字孪生实现了基于物联网的电力系统防护框架,能够减轻虚假数据注入和网络攻击。

　　数据加密虽然能有效保护物联网,但是对于庞大的物联网系统来说,数据加密仍然会对系统造成一定的负担。所以除了数据加密以外,还有另一种方法保护物联网,即通过数字孪生实时监控物联网系统。同时还可以对物联网进行模拟攻击,发现并修补漏洞。Dietz 将数字孪生安全模拟纳入 SOC(Security Operation Center)来保护物联网。在这项工作中,Dietz 演示了如何在虚拟环境中模拟黑客攻击对系统的影响。Shapna 提出了一种基于物联网的数字孪生模型,使用 Docker 容器创建物联网设备的数字镜像,用于模拟现实物联网设备的活动,帮助开发人员进行测试和部署。Tanveer 开发了一种有效的数字取证技术,以便在受到攻击时,跟踪攻击来源,收集证据将肇事者绳之以法。Sleuters 等人通过数字孪生开发了一套可以自主分析大型物联网行为的系统,可以用于物联网的异常检测和预测。Reyhane 提出了一种基于 UDP 的 mHealth 匿名交易协议,用于实现匿名的医疗物联网。

2. 通过数字孪生优化物联网性能

　　对于物联网来说,速度和响应能力对于物联网设备的安全操作至关重要。如何采取最佳策略对物联网进行优化是非常关键的问题。物联网方便了数字孪生的数字交互,数字孪生也加快了物联网的发展。专家通过数字孪生对物联网系统进行模拟,在虚拟空间中进行重复实验,找到最合适的优化策略。例如,詹姆斯提出了一种新颖的混合拓扑管理技术,利用数字孪生的仿真性对该技术进行模拟,发现可以通过聚类算法来减少数据传输的长度,进而增加数据传输效率。同时,将数字孪生中的多个物联网设备看作结点,通过分析结点间的相互关系和状态,可以挖掘出许多信息。例如,通过分析汽车驾驶的信息,可以预测用户第二天几点去上班。此外,数字孪生可以提供成千上万用户在使用产品时的反馈信息,专家们可利用这些信息来优化下一代产品。Jia 结合异构时钟模型和云计算,提出了支持数字孪生的智能时钟偏斜估计和分布式同步算法,用于工业物联网中的数据同步。最后,还可以使用数字孪生的能力来处理物理环境的不确定性。Luis 提出了一种数字孪生模型,采用自适应建模技术,设计出了应用在密集物联网设备的数字孪生软件,可以用于预测公交系统出现堵车、交通事故等意外情况,提前采取相应措施。总之,数字孪生对于物联网性能的提升,起到了重要的作用。

除了以上方法外，将其他技术与数字孪生进行结合也可以加强物联网安全。例如，区块链也有许多算法应用于物联网安全当中，Li 实现的针对物联网联盟链的共识机制算法提高了其在保障物联网安全方面的运行效率

3.2.2 NB-IoT 赋能数字孪生

在数字孪生系统中，需要对现实世界进行完全映射，因此对数据的精度要求很高，同时，数字孪生也需要不断地对模型进行更新。为了满足这些要求，一些研究者在物联网中对数据进行预处理，加快数据交互速度。例如，Rimer 的团队开发出了物联网自助服务分析工具箱，将数据基于语义进行划分，方便数字孪生模型的后续处理。这样虽然保证了数据的精度和交互速度，但是增加了计算量，加重了系统的负担。对于这种情况，人们开始对物联网本身进行研究。随着物联网的普及，各种低功耗广域网（LPWAN）技术不断产生，NB-IoT 技术就是 LPWA 技术的一种。NB-IoT 是 LPWAN 的一种新的基于蜂窝的许可频谱技术。NB-IoT 可用于多个领域的窄带宽服务，具有低功耗、覆盖范围广的特点。正是由于这些优点，使得NB-IoT 能够在医疗、智能电网等多个领域中广泛应用，为数字孪生提供了快捷、可靠的数据，进而加速了数字孪生的推广。NB-IoT 架构如图 3.2 所示。

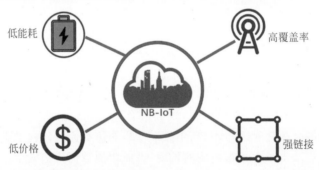

图 3.2 NB-IoT 架构

物联网大大加快了现代医疗的建设速度，作为一种辅助技术，在环境监测、数据传输和处理中又起到了重要的作用。医院中的医疗设备数量众多，且种类复杂，需要长时间工作，并要求数据传输准确、可靠。NB-IoT 凭借其低功耗、高可靠性的特点，在医疗领域得到了广泛应用。Ellaji 构建了智能医院中的 NB-IoT 框架，降低了网络延迟。Lamrani 使用不同的调制技术，优化了接收器的灵敏度，提高了医疗设备的可靠性。Malik 使用 NB-IoT 实现部署在居民小区内的医疗监控系统。Zhang 搭建了基于 NB-IoT 的智慧医院智能物联网架构，用于实时监控静脉输液的

实时滴速和剩余药量。Manatarinat 设计出了针对老年和残疾人的智能终端设备，用于检测患者是否跌倒。

除了医疗领域，NB-IoT 在其他领域也有大量的应用实例。Yuki 将 NB-IoT 引入了智能电网，与传统的物联网进行比较、评估，发现 NB-IoT 可以满足智能电网的大多数需求，并且传输速度更快、更可靠。Lai 通过 NB-IoT 实现了广告个性化定制系统。Zhang 的团队以 NB-IoT 作为智能终端，获取冷藏集装箱的位置和状态，保证存储安全。Huan 开发了基于 NB-IoT 的池塘水质监测系统，为进一步的水质调控和养殖生产提供了有力的数据支持。Jiong 设计了基于 NB-IoT 的智能停车系统，有效提高了停车设施的利用率。相信在 NB-IoT 的帮助下，领域专家在未来能够打造出更加可靠的数字孪生系统。

3.3　未来展望

3.3.1　目前存在的问题

数字孪生和物联网技术的不断发展，带来了巨大的技术红利。天衣无缝的工业管理、人工智能的智慧城市管理、细致入微的智慧医疗、无所不在的智慧家居，都有着极大的发展空间。但是目前数字孪生技术的发展水平良莠不齐，许多企业在技术应用上仍流于表面，仅处于单方面的数据交互，没有将数字孪生与传统的仿真进行区分。除了主观原因以外，数字孪生和物联网目前还存在数据透明度、传感器部署等问题需要解决。

1. 数据安全及透明度

数字孪生和物联网带来了很多好处，但也带来了一些挑战，尤其是如何保护用户隐私数据的安全。数据不仅是企业的重要资产，也是个人最重要的资产，处理数据安全问题并确保物联网产品和服务的安全性和隐私性必须是首要任务。同时，也要把握好用户数据的透明度。以智慧城市为例，数字孪生使用收集到的数据来预测和塑造城市，采集数据这一行动对市民是隐藏的，这可能导致市民的个人信息被滥用。政府需要考虑收集信息的种类以及如何使用用户数据。对城市来说，数据不透明会让市民对决策产生不信任感。而对于软件来说，数据不透明会阻碍软件的推广。Chang 实现了使用置信规则库（BRB）进行输出控制的数字孪生。未来，如何在数字孪生和物联网实施的过程中保证数据安全，并保证孪生过程的透明度，是需要考虑的问题。

2. 传感器部署

传感器部署面临的最大问题就是传感器悖论。如果不采用传感器的层叠布局，那么真实对象和数字孪生之间的差距会非常大。但是过于复杂的传感器布局对物联网来说是一个负担。除了传感器大小、数据传输速度、能源消耗等设备原因外，对多维数据的分类处理也是一个问题。NB-IoT 在一定程度上解决了无线物联网的信号、能耗等问题。但是 NB-IoT 面临着复杂的设备部署环境、海量访问设备、多用户访问等安全风险，另外，其扩展性也比较欠缺。考虑成本因素，数字孪生在飞机预维修上的作用也许是经济的，但低级别工业产品的数字孪生毫无必要。同样是机械维修，汽车因故障抛锚带来的风险并不如飞机那样直接关系生命安全，所以总体上可以容忍。简单用途的工业产品，通过产品质量和寿命周期的控制已经能够很好地达成目的，根本没有必要建立基于物联网的数字孪生。如何在数字孪生性能和传感器部署成本两者间进行协调，是目前存在的一个问题。

3. 数字孪生人机交互及互操作性

实现智能制造的关键是人机交互。数字孪生可以结合虚拟现实、增强现实进行模型和数据的展示，进而进行数据交互。但是目前数字孪生在人机交互方面还存在一些问题，如模型不逼真、延迟高、交互性差等。这些问题可以通过改善建模技术和数字孪生系统架构来解决。Xin 提出使用数字孪生来提高人机交互的效率，但这项研究仅处在初始阶段，还需要进一步的研究。互操作性指的是数字孪生内部不同模型之间的交互。在工业制造中，通常需要多个机器协同操作，实现设备间的互操作性非常重要。互操作性是允许无缝访问数据和促进数据交换所必需的。此外，数字孪生通常由多个不同参数的传感器提供数据，要实现互操作性，需要建立统一的信息交互接口，制定统一的标准。但目前国际上还未出现相关的标准来对数据进行统一。Marie 完成了数字孪生模型信息的交换系统，实现了互操作性的一部分。在未来的研究中还需要考虑传输和行为的互操作性。

3.3.2 未来发展方向

数字孪生目前还没有形成产业化和专业化分工，与数字孪生相关的生产工具很少，也没有出现某个行业的垄断企业，可以说，数字孪生正处于基础建设阶段。物联网发展相对比较成熟，但是目前物联网的发展并不能很好地满足数字孪生的需求，还需要解决数据精度、传输速度以及部署成本等问题。除了这些需要解决的问题外，专家们还按照行业，对数字孪生和物联网的未来发展进行了预测和展望。

目前，数字孪生在工业生产中已经初露锋芒，在生产监控、预测性维护、生产决策、员工培训等方面做出了重要作用。数字孪生和物联网的部署可以加快工业行业技术创新速度,对传统工业生产模式进行优化。但是数字孪生目前在工业中的应用还比较分散,在未来构建出完善的生产体系是非常必要的。随着工业物联网的广泛应用,也会加快数字孪生的推广。可以使用数字孪生技术将原有的仿真技术与大数据技术、物联网技术、人工智能化技术等进行深度融合。工业上,数字孪生未来的发展趋势大致分为以下三部分。

(1) 生产设备智能化。通过数字孪生和物联网,实时监控设备状态,并预测可能出现的故障,减少维护成本。

(2) 制造流程智能化:智能化生产就是保证生产过程安全可靠,尽可能减少人力成本。在生产中应充分利用智能化系统及设备,实现设备操作自动化,最终实现无人操作。使用数字孪生对生产过程进行监控,保证生产的正常运行。

(3) 产品质检智能化:目前,对于产品的质检过程需要耗费大量的人力和物力资源。数字孪生可以简化质检过程。数字孪生与人工智能结合,可及时发现有质量问题的产品,并根据产品不同的问题进行分类,分析问题原因,进而保证产品质量。

在智慧城市方面,数字孪生可以对城市建设与规划、人口变动、交通运行、治安管理、文化旅游、医疗和教育服务等方面进行模拟和仿真。数字孪生技术是实现智慧城市的有效技术手段,借助数字孪生城市,可以提升城市规划质量和水平,推动城市设计和建设,辅助城市管理和运行,让城市生活与环境变得更好。未来数字孪生可以实现让市民参与到城市的治理当中。在发生疫情时,数字孪生也可以对现实城市在交通管制中的疫情传播和人员流动以及物资供需进行模拟。目前,智慧城市建设的难点主要是城市仿真方面。如何完整并且准确地制作城市的动态模型,是今后一段时间需要解决的重要问题之一。同时,为支持数字孪生的正常运行,需要部署大量的传感器。这对于物联网的稳定性是极大的挑战,物联网的部署成本会大大增加。开发出稳定性好、价格低廉的传感器是未来城市物联网的发展方向。

数字孪生和物联网的联合应用可以大大提高现代医疗水平。医疗从大体上可以分为两部分:治疗和保健。在疾病治疗方面,数字孪生可以构建人体器官的数字孪生,这也是数字孪生在医疗方面的初级应用。通过构造患者的器官,医生能够更加直观地分析手术方案,在未来甚至可能根据数字孪生构造出人造器官,来替换病变的器官。其次就是个性化医疗,这是作者认为数字孪生在患者治疗方面需要大力发展的方面。个性化医疗可以精准分析患者的身体情况,制定个性化的治疗方案,从而减少医疗资源的浪费,并降低药物的副作用。医生也可根据由数字孪生得到的模型,在线分析患者病情。此外,在虚拟人体上进行药物研发,结合分子细胞层次的模拟来进行药物的虚拟实验和临床实验，可以大幅度降低药物研发周期。另外，医疗保健也是非常重要的方面。现在人们对健康也越来越重视。数字孪生能实现人的数字化过程，包括人的身体、行为和意识的数字化。人体的数字孪生有助于健康管理和信息追踪，在应对突发事件中具有不可替代的作用。

小　结

　　数字孪生和物联网技术的结合，推动了当今世界的发展。数字孪生和物联网是相互协作、相互促进的关系。本章总结了数字孪生和物联网在智慧工厂、智慧城市、智慧健康、智能家居等领域的应用，介绍了数字孪生如何保证物联网安全、提升物联网性能，并且介绍了物联网如何给数字孪生赋能，还阐述了数字孪生和物联网在数据安全、部署和交互方面的缺陷，最后根据领域提出了未来的发展方向。希望通过本章的内容能够加深读者对数字孪生和物联网的理解。未来数字孪生和物联网也将携手共进，共同发展。

第4章　数字孪生关键技术：基于模型的视角

为了满足模型的多样性和对其质量的严格要求，数字孪生面临着巨大的技术挑战。数字孪生的建模在广度上，需要展现系统所有组成和单元；在深度上，需要满足系统不同组件的功能。如此大量和不同功能模型的集成和交互会消耗大量的计算机资源和人力资源。从本质上讲，数字孪生是以数字方式再现物理设备的运行过程。因此，数字孪生系统的开发属于基于模型的系统工程问题。本章介绍了一种基于模型的方法来促进数字孪生的开发和运行，包括模型组合和集成的理论基础和关键技术，并对特定于数字孪生的建模技术进行概述。在数字孪生系统中，综合物理属性和仿真、计算（机器学习等）和知识的模型起着核心作用。目前市面上的数据采集和数据可视化技术为这些模型提供了数据来源和展示平台，例如，物联网、电子文档管理、交互式图表、增强现实和核心数据管理等。为确保模型间的相互交互，模型间的交互数据应该根据领域本体进行结构化。标准的数学框架有助于对数字孪生组合程序进行严格的形式化描述和验证，尤其是对大规模的异构系统中的数据统合。

4.1　什么是孪生

回顾一下数字孪生的概念，数字孪生是物理设备的虚拟副本，可迅速复制和更改物理设备的状态和行为。数字孪生大多采用工业 4.0 数据驱动的人工智能技术和模拟来进行自适应监控、预测、优化和控制物理设备。最可靠的系统是在物理设备生命周期之初就建立的数字孪生，与物理设备一同进行增量开发，并同步投入运行。另外，可以通过计算机辅助设计工具在设计阶段创建生产设备的数字孪生体，此时还未存在物理设备。这种数字孪生可用于构建虚拟测试平台，评估设计方案并选择最佳的设计方案。

此外，当使用先进的人工智能技术时，数字孪生完全是自主生成的。数字孪生的生成包括如下步骤：收集系统需求，从中推导出多目标优化问题；得出最佳解决方案；最后执行解决方案。该解决方案确定了初始的数字孪生，在之后准确地反映了它们的同步操作。在生命周期的后期，可以再次调用衍生式设计技术来对数字孪生进行自动规划资产升级或改造，将设计空间缩小到最新数字孪生最适合的"邻域"。例如，衍生式设计已成功应用于机械工程中的零件的生产，使用了拓扑优化技术和3D打印技术。

下面列举一个更加复杂的例子：电力能源系统。图4.1展示了电力系统的数字孪生的概念图。基于数字孪生的能源控制系统有望在电厂负荷监控、发电量预测、优化储能调度、故障诊断、电机健康监测等方面得到广泛应用。然而，以当前的技术，数字孪生很难应用到实际的电网当中，并且很难以较低的成本进行日常运营和维护。一个成熟的数字孪生电网系统需要大量的IT资源和熟练劳动力来建立：它涉及众多分布广泛的分散设施，并受到技术隐私、社会和经济等因素的影响。出于以上原因，数字孪生技术在电力行业的部署效率远低于机械工程。数字孪生尤其难以部署在基于分布式能源的分散式系统中，例如，由众多小型低压(0.4kV)设备组成的微电网，原因就在于这些设备既缺乏IT资源又缺乏高素质员工。

除了资源等客观原因，数字孪生在技术上的主要困难源于模型的复杂性和多样性，这些模型必须包含在数字孪生中才能正确描述复杂资产。不同的模型在广度和深度上差别很大，这些模型的集成和交互操作往往会消耗大量的计算机和人力资源。本质上，数字孪生的组合过程必须以数字方式来再现物理系统。因此，数字孪生的开发活动属于基于模型的系统工程领域。任何系统在构建数字孪生时在很大程度上是基于模型的。图4.2显示了数字孪生和系统工程之间的关系。

目前，基于模型的系统工程相对比较成熟，有许多先进的理论基础支持以及丰富的实践经验。为了简化开发流程，基于模型的系统工程的标准流程仅在架构设

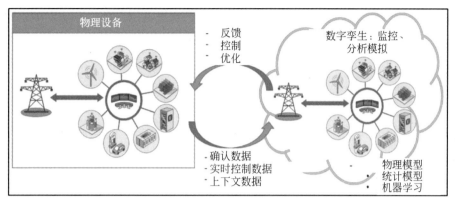

图 4.1　电力能源系统数字孪生概念图

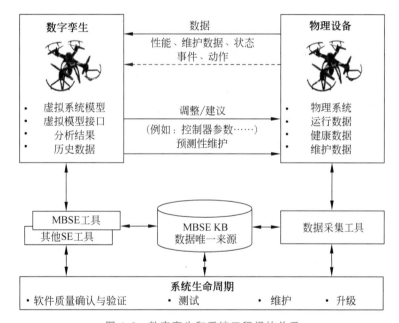

图 4.2　数字孪生和系统工程间的关系

计和集成阶段将所有虚拟设备视为一个整体。在开发中级，模型使用不同的语言和工具并行开发，模型之间是不可见的，在之后的阶段再通过语义进行集成。为了促进并验证模型间集成的严谨性，基于模型的系统工程有一套建立在范畴论上的数学验证模型。范畴论是高等代数的一个分支，专门用于解决不同性质的对象及其之间关系的统一表示问题。

本章主要介绍基于模型的数字孪生设计和开发的关键技术。通过先进的代数知识，可以提高数字孪生带来的经济效益，并保证数字孪生系统的完整性、准确性和实用性。同时，证明了模型之间的交互是可行的。数字孪生可以在建立本体模型的基础上，保证模型间的语义交互。

本章的组织结构如下：4.2 节介绍基于模型的数字孪生架构。4.3～4.8 节分别概述数学建模和仿真、物联网、交互式图表和增强现实、电子文件管理、主数据管理和自然语言处理。4.9 节介绍了一种基于范畴论的数字孪生整合的代数方法。4.10 节使用类别理论来构成复杂异构系统的数字孪生。最后是本章的总结，对本章进行概述并介绍进一步的研究方向。

4.2　基于模型的数字孪生架构

对于不同的数字孪生架构，存在不同的分解方法。例如，目前有学者提出了一种类似于信息系统的分层架构。最底层是物理设备，上层是智能控制系统，中间层包含多个中介组件。还有一种是按照功能将数字孪生分解为数据存储层、信息交换层、运算层和可视化层等模块。相比之下，基于模型的系统架构建议按照种类将模型进行分解，突出数字孪生在系统中的细节。典型的数字孪生系统由以下几种模型组成。

（1）本体模型。

（2）数字图表。

（3）电子文件。

（4）信息模型。

（5）实时数据。

（6）数学和仿真模型。

为了方便访问模型，模型通常被设计为微服务：面向服务的架构对用户隐藏了模型的实现细节，并为模型间的交互提供了较高的灵活性。在物理设备运行过程中，模型之间以及模型与环境间的交互非常频繁。模型交互用例包括数据交换、数据引用、跨模型数据验证和生成结构数据。具体过程如图 4.3 所示。不同的模型对于同一个物理设备信息的获取方式不同，使用图 4.3 的架构有助于数据的交叉验证。

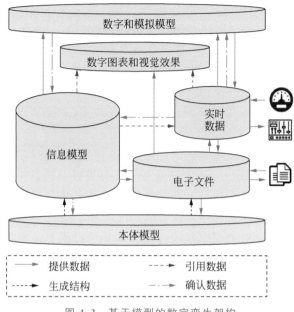

图 4.3　基于模型的数字孪生架构

4.3　数学建模和仿真

数学建模在数字孪生中的主要应用在于分析设备的运行状态,根据运行状态制定最佳的决策。分析内容主要是对未知或缺失的值进行补全,并预测未来一段时间的运行数据。分析与预测之后,通过求解最优化问题来制定运行策略,使设备运行性能最大化或使损失降到最低。

为了对系统进行更全面的分析和控制,要求模型能够在不同场景对现实场景进行模拟。基于模型的系统工程的最主要的作用就是使用模型进行广泛的模拟。在设计阶段,仿真有助于设计出替代的解决方案。使用可视化界面进行交互式展示,可用作培训员工的教学工具。当遇到复杂工序时,数字孪生将采用离散事件模拟仿真。离散事件模拟将物理系统表示为设备状态和环境变化的离散序列。

从智能手机到超级计算机,目前有许多平台支持数字模型的组合和运行。小规模的数字模型可用于数字孪生初级原型的设计或对小规模系统进行仿真模拟。对于中大型规模的系统,如电力系统,需要更为强大的数字模型。

目前,有如下三种不同类型的模型。

（1）"第一性原理"（物理、生物、经济等）模型，基于方程的资产优化问题。

（2）基于机器学习的历史状态和行为数据的统计模型，包括神经网络。

（3）资源分配决策模型，例如，基于规则的多代理系统。

基于离散代数、微分和随机方程的数学模型有着悠久的历史，在计算机辅助工程（Computer Aided Engineering，CAE）中得到了大量应用。计算机辅助工程的工具包括用于机械和多物理受力分析、计算机断裂力学、多体动力学和运动学、流体动力学、电磁学和各种领域的求解器和优化器。

计算机辅助工具主要用于设计模拟实验，以评估工程师的决策。这个过程通常没有时间限制，并且数据由工程师手动输入。随着计算机技术的发展，目前计算机拥有足够的性能能够在较短的时间内执行算法以及模拟，处理来自传感器的数据。这使得在数字孪生中使用计算机辅助工具成为可能。

图4.4展示了用于电力变压器故障预测的热电磁模型。该模型精度很高（可达95%），并且运算速度也很快。该模型的输入数据包括变压器的功率、电压和温度，这些数据由安装在变压器上的传感器提供，收集到的数据决定了场方程的边界条件和系数。然后使用有限单元法求解方程，计算变压器上的磁场和温度分布。然后，处理器将当前的场分布与之前的场分布进行比较，找到变化的趋势，并与异常值比较。若出现问题，则制定最佳纠正方案。基于该模型的变压器数字孪生大大延长了其寿命，提高了安全性，降低了维护成本。

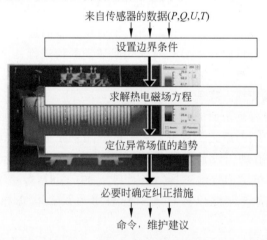

图4.4 变压器数字孪生模型

当数字孪生系统存在一些不可控因素时，基于机器学习的模型将派上用场。该模型无须进行显式编程即可做出预测和决策。最广为人知的机器学习模型是基于人工神经网络实现的。除此之外，还有一些模型基于决策树、贝叶斯网络、回归模型、支持向量机和遗传算法。模型预测的准确性取决于对特征的识别和样本质量。然而，机器学习在预测历史数据缺乏的突发事件和灾害的演变过程中存在一定的不足。

智能电网的多层神经网络，可以检测能源负荷、预估电价、能源调度、电机健康评估、故障诊断等，具有以时间序列为标准预测的网络架构，可以仅通过发电量曲线进行预测，该预测不受发电和能耗损失的影响。为了提高预测的准确性并减少不确定性，在数据集中加入了一些辅助数据，例如，用电需求和天气情况。为了识别相关特征并生成丰富的训练样本，使用高级计算机辅助软件是非常有必要的。高质量的样本数据能使训练模型达到95%以上的准确率。

数字孪生可以包含以机器语言呈现的知识模型。例如，与监控和控制相关的指令可以表达为"IF 条件 THEN 行动"的形式。数字孪生能够持续评估此类规则，并在实时数据满足条件时立即发出规定的操作。更复杂的决策场景比如有多个设备，彼此之间存在歧义甚至冲突，但需要达成一个共识。这些设备需要通信软件进行管理。为了确保语义的正确性，规则和通信消息是根据领域本体来表达的。例如，一个代理软件管理微电网中的每个分布式能源，旨在最大化分布式资源的利用效率，最优电网运行模式在电网可靠性和稳定性约束下的代理之间共同确定。

上述概述证明了为数字孪生配置几种不同模型以相互校准和验证是合理的。此外，越来越多的系统开始通过不同模型之间的大量交互以提高系统的准确性。例如，物理信息神经网络的训练过程中，其损失函数差值在不断变小，不仅包括纯粹的统计误差，还包括一些违反物理定律的变量。对于电力系统的数字孪生，可以采取拓扑孪生网络来进行训练。尽管电网数据适用于有限结点的电网子集，该网络也能够以可以接受的精度解决实际问题。

数学模型对于整个数字孪生系统来说，承担如下几项工作。

（1）制定多标准评估绩效指标，预测资产运行情况。

（2）确定、优化、测试应用操作模式。

（3）预测性维护，故障率评估。

（4）模型和控制算法的校准和验证。

（5）设计决策的验证和评估。

（6）对操作员工进行全面的虚拟培训。

4.4　物联网

物联网为数字孪生提供了可反映系统和环境实际状态的实时数据。智能设备或虚拟传感器会产生大量数据，这些数据来自仪表盘、控制器、音频和视频记录、人机交互界面、4.3节介绍的数学模型和各种信息系统。相应地，数据包括测量的物理数据、事件日志、音频和视频流等信息。例如，电力系统数字孪生收集的数据包括电网结点中的电气物理数据（电流、电压、相位、频率）、设备状态（温度）、电信号、天气和能源需求。

传感器收集到的数据都将转变为元数据，包括数据类型、时间戳和数据来源。实时数据到达数字孪生系统后，将被放到类似于时间序列数据库之类的存储系统中，并传送到其他组件以进行数据对齐、范围检查、多功能处理和演示。

物联网系统关闭了基于数字孪生的控制回路，将数学模型确定的命令传输到资产控制器和执行器中。因此，物联网无法作为设备与数字孪生系统之间实时双向交互。此外，物联网还存在一些缺点，主要与安全性、复杂性和连接性有关。由于物联网通过互联网共享实时数据，并且保护物联网安全的固件级设备价格昂贵，很容易受到黑客攻击。同时，程序员在进行数据对齐、整理和预处理时，来自不同设备的数据由于标准不一，为这项工作带来了极大的困难。如果数字孪生和设备间的数据连通性不畅，那么这些数据对数字孪生系统来说是没有意义的。

数字孪生主要获取如下实时数据。

（1）设备整体及其部件的实时状态。

（2）检测超出范围的状态值。

（3）收集设备不同条件下运行的历史数据。

（4）设备的行为模式。

（5）信息模型的结构以及参数识别和验证。

（6）验证数学和模拟模型，包括回溯预测。

（7）操作报告的生成和验证。

（8）将状态变量可视化为表格和图表。

4.5　交互式图表和增强现实

二维图表可以展示多个对象间的空间（地图）、因果关系（流程图）、分类（类继承层次结构）等关系，以及这些关系的混合。在三维模型中，以几何模型方式显示物理设备。图表具有缩放、旋转、浏览和搜索的功能，所以就算是很复杂的图表也可以让人很快理解。许多工具支持以多种格式创建图表和显示图表的视觉效果，从图表编辑器到计算机辅助工具，再到行星规模的地理信息系统。为了便于从多个方面对复杂模型进行图解描述，基于模型的系统工程推出了诸如系统建模语言之类的工具。

在大数据环境中，可通过符号描述数据之间的关联。这样图表能够直观地展示当前的数据分布状态，但是如果要评估造成这种状态的原因，需要耗费大量的时间和精力进行计算。增强现实工具可以实时显示设备图像，将其与3D模型匹配，并将数据添加到图像当中，使其显示更加直观。例如，可以通过展示多种类型的图表和3D模型来展示一个电力系统，包含建筑的线路分布、输电线路图、设备维护流程图等，这些图在进行交互时，重点展示关键部分的数据，并突出显示异常值。可以提供人机交互接口，通过单击相应的部件即可获取其详细信息。增强现实技术改进了设备维护和维修。在4.3节中介绍的变压器的数字孪生，如果在其中应用增强现实技术，工人不需要接触设备实物即可实现对变压器的监测。同时，出现故障时，工人可以借助数字孪生引导修复程序，实时展示特定异常的修复流程。

采用如下用例来定义数字孪生的图表展示方式。

（1）对数据的展示要直观、可靠，符合用户需求。

（2）对重要事件的发生进行实时显示。

（3）通过基于关系的拓扑结构展示设备部件的信息。

4.6　电子文件管理

文档是人为了方便进行信息管理而制定的单位，对计算机来说，每个文档包含唯一的标识符。每个文档都有与之关联的元数据，例如，标题、作者、类型、语言、关键字、更改日期、权限等。根据文档适用的主题不同，文档的元数据包含的内容也不相同。元数据不仅能够对文档进行描述，还可用作文档排序和辅助条件检索的索引。

对于需要长期存储的数据，通常存放在带有元数据的档案当中。该档案保存了文件夹的层次结构。为了防止数据丢失，档案一般会打印出纸质备份。目前，随着区块链技术的出现，可以创建档案的哈希值，并存储在区块链中，大大提高了数据的安全性。

对工业方面的数据存储，许多基于生命周期的自动化系统接受电子文档作为数据的输入，例如，计算机辅助工具、制造执行系统（MES）、企业资源规范系统

(ERP)等。当数字孪生启动时，最初的数据都是来自计算机辅助工具和制造执行系统中的文档。在运行过程中，数字孪生会不断进行文档的更替。此外，包含大量模型的数字孪生可以在保证系统正常运行的情况下生成静态和动态数据的组合文档，将这些文档作为输出，包括操作/性能报告、程序指令和控制措施。

以下是对数字孪生中电子文档的要求。

（1）以半结构化的形式呈现有关资产的信息。

（2）能提取设备的概念、关系和状态。

（3）能以数字图表的格式展示存储情况。

（4）对数据进行实时更新和验证。

（5）能够通过元数据进行文档的搜索。

4.7 主数据管理

主数据指的是用于描述设备静态属性的一类数据，能够为设备运行中的各种操作提供数据支撑。主数据由实体、属性和关系的可读形式组成，构成了资产信息模型。主数据可以从设计和施工文档导入信息模型，也可以从模型导出到文档。

存储主数据最常用的就是关系数据库，关系数据库用来存储主数据具有天然优势。首先，关系数据库将数据存储在多个相互关联的表中，使用主键和外键对表进行区分，防止重复。其次，关系数据库提供了各种约束，保证了数据的完整性。同时，关系数据库使用表结构使数据具有极高的灵活性和可扩展性。最后，关系数据库根据用户所在的层次，为用户授予细颗粒度的数据访问和操作权限，保证了数据的安全性。

但是，关系数据库存在一个缺点：很难保留关系更改的历史记录。典型案例就是标准 ISO 15926 中引入了"时间整体（Temporal Whole Part）"这一概念来描述数据的修改记录。这种关系无法用"实体-关系"的方式来表示。解决方案是将完整的更改记录存储在日志中，关系数据库中存储最新的更改记录。通过"回放"日志，就可以完美再现出历史操作。此功能有助于利用关系数据库的历史数据来分析数字孪生。

对于一个电力系统来说，其核心设备包括发电机、变压器、储电设备、电网、保护装置、传感器等。电力系统的数据库按照设备类型形成继承的层次结构，组成多个关系表。每个关系表一般都包含标识、功能、性能、操作条件、制造商、所有权、价格等公共信息。同时，还要设置辅助表存储设备数据库操作记录，如能源设施、电网拓扑、员工信息和编码。

信息模型作为数字孪生组件的主要作用如下。

（1）提供带有主数据的数学和模拟模型。

（2）为设备分配唯一标识符。

（3）数据访问控制。

（4）记录设备生命周期内的数据历史变化。

（5）与实际设备结构进行比较来验证主数据。

（6）基于属性的数据检索。

（7）数据验证。

（8）以表格和层次树的形式实现设备层次结构和属性的可视化。

4.8　自然语言处理

领域本体（Domain Ontology）也称作自然语言处理，是目前建模的研究重点，用于提高不同模型之间的互操作性。自然语言描述了在领域的概念结构，包括定义、属性和设备之间的相互关系。在设计模型间的数据交互时，自然语言可作为领域内语义和知识的唯一载体。

自然语言通常表示为基于概念的分类树的形式，这些概念具有各种各样的属性，由各种关系（等价、相似、部分等）关联，受各种公理约束，并在各种个体中实例化。自然语言可以通过各种工具（例如，交互式编辑器）转换为计算机可以识别的语言。对于较为精细的检索和修改，自然语言被拆分为"主题-谓词-对象"的形式，并存储在三元组数据库中。

在自然语言处理开发过程中，其组成从各个领域的知识中迭代提取，例如，标准、教科书等，并对提取结果进行规范化和补全。这一过程是自动进行的，但是目前还无法实现。对数字孪生来说，自然语言处理的目的是更方便地进行建模。自然语言必须包含数字孪生系统中的所有概念，而且不产生矛盾。理想情况下，通过将概念转换成表，将关系转换为外键，将公理转换为验证规则，这样就可以从自然语言中生成设备的信息模型。自然语言处理在电力领域已经发展了很长时间。自然语言的概念主要来源于 IEC 61968、IEC 61979 和 IEC 62325 标准中的通用信息模型。但是，这个模型中没有描述能量传输过程，所以这对于数字孪生系统来说还远远不够。

总之，自然语言对数字孪生的构建有以下帮助。

（1）生成信息模型。

（2）数据维护。

（3）设计通信协议。

（4）开发高质量模型。

4.9　数字孪生整合的代数方法

为了将数字孪生的各个部分进行整合，需要进行非常严格的格式统一和验证技术。正如在本章开始所说的，通过范畴论的数学框架可以帮助实现这种技术。范畴论的思维是将模型之间的联系转换为方法进行展示，以此来分离模型与方法，即现代工程常用的"黑匣子"方法。

在基于模型的系统工程中，使用 C 代表所有模型的范畴，可以指代系统中的任何一个模型。并且，以模型为标准描述了模型组合时可能执行的操作，包括变量替换、引用解析、子模型嵌入和其他模型组合原语。在数字孪生这类由多个模型组成的复杂系统中，C 通常的表现形式为图表。以信息模型的分类为例，对象是填充数据库表的类型化数据，对象间的映射通过外键表示，作为数据表之间的映射，将多个表组合成具有复杂结构的数据集。还有另一种范畴用于表示实体的几何模型。实体的几何模型是三维世界 $\mathbb{R}^3$ 的子集，它存在边界、基于一定的规则（与标准拓扑的内部闭合一致）、是半解析状态的（在笛卡儿坐标中指定的边界为实分析函数）。为了使合并过程趋于规范，模仿射等距和拉伸的所有有界正则半解析子集都被认为是有效的实体模型。它们构成了一个由实体建模（Solid Body Modeling，SBM）表示的集合。

数学在数字孪生系统中非常重要，但是在技术上很难将这两个概念分类表示。例如，在分布式能源系统中，提出将分布式能源的类别表示为有限状态机，状态根据电力需求区域进行标记，通过将分布式能源进行聚合，解决电力不稳定的问题。回忆一下 4.3 节，通过离散事件模型构建了离散事件序列，代表一类操作。从代数上讲，一个场景由一组按因果关系排序并按时间类型标记的事件表示。场景组装的动作被定义为多个顺序和标签的映射。

在任意类别 C 中，严格定义了称为"极限"的通用构造。给定一个图表，如果极限存在，则将其转换为一个整体的复杂模型。从概念上讲，极限用代数术语表达了系统作为"容器"的常识性观点，该容器包含系统的所有部分，同时各个部分相连。以最简单的极限为例，P、G、S 表示区域 P 和 S 组成的系统，由"胶水"G 连接。将数据、模型或系统中各部分进行整合的中介可以称作"胶水"。在信息模型设计中，通常会存在两个表间的"多对多"关系，其中，参与者和设备之间的所有权关系可以充当两者间的黏合剂。在离散事件仿真中，"胶水"代表一个控制器，该控

制器建立两个设备单元(例如,风力涡轮机和电能存储设备)的最优操作。图 4.5
展示了一个标准的连接模型,顶点 R 表示目标模型,p、s 分别表示连接 P 和 R、S
和 R 的"胶水",T 表示任意封闭模型。只要 R 存在,就可以通过一系列计算推断
出任何有限图的极限。

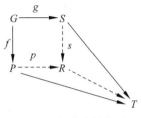

图 4.5 标准连接模型

4.10 构成异构资产的数字孪生

对于复杂的系统,将所有的设备都归到一类当中是不合适的。根据功能、特性
等对设备进行分类更有利于数字孪生系统的管理。数字孪生将整个系统的结构表
示为一个有向图,每一个顶点代表一个设备。但是这种图不是范畴论意义上的图,
因为它的顶点属于不同的范畴。因此,不能使用 4.9 节中描述的代数知识来进行
数字孪生的系统整合。为了能在数字孪生中应用范畴论,引用了标准 ISO/IEC/
IEEE 42010,该标准对于多个相异的系统架构,采用不同的描述方式。该标准建议
对于不同的视角,采用不同的语言和工具来进行表示。但是,以常识来看,系统的
所有部分的描述都应该是统一的。

接下来介绍,对范畴论来说系统构建的标准。从某个固定视角对所有设备的
代数描述组成一个范畴,其中,态射表示装配动作。例如,几何建模使用实体建模
来构建形状、位置,通过离散事件模拟代表行为。用 I 表示一个范畴:设备作为顶
点,态射都是顶点间的有限路径。$|I|$ 代表 I 所有的顶点几何,D_i 代表设备的一个
种类,对每个 $i \in |I|$,C 为视角,$F_i : D_i \rightarrow C$ 表示从视角 C 表示两件模型的函数,
保证了语义的一致性。

对系统架构的描述进行适当转换体现了异构设备的设计过程。具体而言,转
换应该保留资产结构图的所有部件的表示规则。例如,态射$((A_i, i \in |I|), \Delta:$
$I \in C)$转换为$((A_i', i \in |I|), \Delta' : I \rightarrow C)$,使得对于任意两个顶点 $i, j \in |I|$,对于
每条路径 $s : i \in j$,都有 $F_j f_j \cdot \Delta s = \Delta' s \cdot F_i f_i$。这种条件明确表达了架构转换
的结构一致性,如图 4.6 所示。

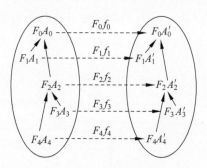

图 4.6　系统架构描述的转换过程

对于任意的图 I 和函数 $F_i, i \in |I|$，系统的架构描述及其转换共同组成了一个称为"多逗号"的范畴。生成式设计工具会自动在"多逗号"范畴中找到异构设备的最佳架构，并按步骤同步到设备模型中，在执行过程中生成多个态射以确保结构一致性。

例如，对于制造工厂来说，需要考虑设施的能源消耗效率。使用衍生式设计技术解决优化问题旨在最大限度地减少生产消耗，同时保证生产性能。为了评估消耗，使用离散事件模拟从行为的角度进行评估。多个行为定义为"多逗号"范畴中的一个子范畴，以图的形式表示。为了找到消耗最少的行为路径，可采用梯度下降的算法，沿着态射进行计算。

小　结

基于模型的数字孪生关键技术旨在使数字孪生保证完整性、准确性和可用性的同时，以经济高效的方式进行组合和运行。目前已经有专家在小型的分布式能源系统中成功部署了数字孪生，并通过了测试。现在正在考虑扩大规模，并在其他的领域进行应用。由于目前技术还不成熟，需要进行进一步的研究。

第5章　基于交互的数字孪生复杂系统管理

本章的主要内容是探讨基于交互的数字孪生如何管理复杂系统这一问题。要解决这个问题,首先要建立一个复杂系统,它在结构和功能上都由相对独立的多个元素组成,也可称为多结构系统。此外,系统中的每一个元素也都可以作为另一个多结构系统的组成部分,用于解决其他问题。

本章介绍了多结构系统的组成架构,如何实施多结构系统及其管理原则。在系统的运行细节上,介绍了信息流的组织方式以及如何在多结构系统中进行处理,多结构系统中的数字化对象及其生成原则,以及多结构系统中目标树和多结构系统建设中的计量学知识。同时,本章介绍了多结构系统中数字孪生的作用以及如何使用数字孪生实现元素间的互动。此外,本章还提出了多结构系统的评价体系,为决策者提供评价系统状态的标准。

融合了数字孪生的多结构系统,为之后智能信息系统的建立提供了基础。智能信息系统的典型特征包括智能数据处理、功能易扩展、自动迭代以及能够进行高质量决策。在本章中,智能信息系统分为三类:保证过程稳定的信息系统,触发控制的信息系统,基于检索过程的信息系统。第一类智能信息系统通常由算法模型来决策,第二类智能信息系统通常使用反射性行为模型,第三类智能信息系统综合使用上述两种模型。若信息系统模型中包含行为属性,则其系统核心是数字孪生,它负责数据处理,并在此基础上做出管理决策。

对于系统中包含的数学知识,本章使用数字化对象、信息对象、目标树和谓词微积分语言来交叉表示,用于描述业务逻辑和对数字化对象的控制。

5.1 数字孪生系统与生产

5.1.1 数字孪生出现的先决条件

社会的文明发展总是依赖于新的解决方案，这些解决方案来自于科学与技术的进步。如今，电子计算机的应用和信息处理的方式极大地影响了社会的发展方向。信息技术如今已经成为一种工具，通过自动化将人们从痛苦的体力劳动中解放出来，并使人们将更多的精力放在各种决策上。

如今，国家和企业的发展重点，以及大量财政资源的投资都是用于传统行业的数字化，这也是人类社会未来信息化的方向之一。可以预见的是，在不久的将来，信息技术和相关行业将会深入各个领域并逐渐标准化。

目前信息技术的特点是存在大量的可编程系统，包括多样的编程语言与编译器、数据存储系统、数据检索系统及可视化系统。这一事实表明，信息技术正在过渡到一个新的阶段，新的编程技术将会大大降低开发信息系统的劳动成本。当前正在进行的数字化进程将大部分精力集中在组织管理、进程控制和管理方面。随着新的数据检索和处理方法的出现，数字化系统的管理可能会出现重大变化，关键问题是如何在数字化过程中将不同领域的、不同行业的工作迅速整合到一个项目中，并选择合适的方式来管理系统。

信息技术在最初诞生时，主要是为了用于商业领域的计算。但是在最初的信息系统中，大部分工作还是由人来完成的。在信息技术之后的发展过程中，信息系统变得越来越自动化。最突出的例子就是计算机集成制造技术（Computer Integrated Manufacturing，CIM），CIM的主要思想是为生产系统建立一个统一的信息空间，为之后信息系统的建立提供了一套完整的标准。

综上，信息技术发展的下一个阶段可以看作对组织和管理活动的改进，以及对简单和重复问题的自动决策。随着大数据积累和其存储及处理技术的发展，如人工神经网络、遗传算法等，信息化进程有了质的飞跃。

在上述过程进行的同时，信息收集和处理设备也在不断发展，传感器的体积越来越小，传输设备的数据传输速度越来越快。因此，许多电子和机械设备开始配备数据收集器、微处理器和控制器，小到照明灯具和插座，大到高精度机器、运输工具和飞机等，现如今获取信息的成本已经大大降低。通过传感器获取的大量数据融入复杂的系统当中，给数据的处理和组织带来了很大的压力。

媒体、出版社和银行系统是数字化的先锋队，信息技术的应用对于这些依赖数据带来营收的行业能够提供巨大的帮助。在媒体行业,为用户提供的主要产品就是信息,书籍和报纸只是存储和传输信息的媒介。得益于信息技术的发展,当前的信息媒介也越来越信息化,例如,二维码和条形码。信息化作为一种基于先进信息技术应用的过程,目前有以下两种发展方向。

(1) 创建一种新的信息系统,其中流通的信息可以立即从源头获得。

(2) 建立一种独特的信息环境,将有形物体和信息系统在其中结合。

如今,有许多信息系统使用传感器接收来自物理世界的信息。但是,有些信息仍然没有办法使用传感器获取,例如,粗糙度、气味、味道等信息。

实现数字化的关键是构建数字化对象。通过数字化对象将物理系统的元素转换为信息系统的元素,主要过程如下。

(1) 物理系统中存在机械组件,并能获取其状态。

(2) 使用传感器收集有关物理系统状态的数据并将其传输到信息系统。

(3) 允许使用控制设备对物理系统做出反应。

数字化对象和有形物体之间有很大的差别。首先,就结构而言,数字化对象能够直接接收和传输对象状态。有形物体需要传感器来收集数据,或者由人手动收集设备的状态。其次,数字化对象具备一定的“智能行为”,能够进行自我控制。

下面介绍一下网络物理系统。网络物理系统有许多定义,从其字面来看意为物理系统的智能管理。科学技术未来专家组(The Science and Technology Future Experts Groups)将网络物理系统定义为能够控制物理对象的整合,包括人工智能(Artificial Intelligence,AI)、物联网(Internet of Things,IoT)、仿生机器人和任何能够连接到信息网络的设备或机器。工业4.0专家将网络物理系统定义为相互连接的物理和信息元素,如配备传感器和处理器的通信设备以及其他硬件和软件,系统根据特定的算法交换信息和传输控制信号。美国国家标准与技术研究所(National Institute of Standards and Technology,NIST)从智能系统的角度考虑网络物理系统,认为其应该包括物理对象和通信设备。本书认为,当一个系统能够将网络、物理机械和生产环境整合到一个系统中时,就可以称之为网络物理系统,它能够在没有人干预的情况下实现自我管理。

网络物理系统正在推动众多行业的创新和发展,包括农业、航空、建筑设计、个性化医疗、智能制造等。网络物理系统的数据越来越丰富,自动化程度也更高。此外,网络物理系统研究中的一些传统理念由于人工智能和机器学习中出现的新概念而受到挑战。随着人工智能与网络物理系统的结合,诞生了许多新的研究方向。数字化对象是网络物理系统的一个基本元素,其结构包含如表5.1和图5.1所示的元素。

表 5.1　数字化对象的结构

元素名称	元素存在的目的
传感器	用于获取物理对象的状态及其外部环境信息
数据库	存储中间数据
数据处理工具	软件或硬件/软件模块，执行初始数据处理、阈值监测
控制物体及其外部环境状态的控制器	根据选定的行为模式，向功能部件传送控制行动
网络物理系统的其他元素集成的工具	一套通信服务，使数字化的物体和物理系统的其他元素之间能够进行数据交换

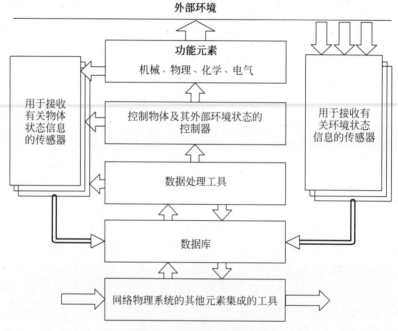

图 5.1　数字化对象的结构

其中，加粗箭头表示系统对外部环境的影响，未加粗箭头表示数字化对象各组成部分之间的数据和指令传输。

数字化意味着物理系统及其中各个元素都拥有很高的自主性，在计算机普及的早期阶段，相对复杂的管理功能是由人完成的。另一方面，数字化意味着人类从繁杂的系统管理中脱离出来。与信息系统相比，人的优势是能够应对各种情况下的突发行为。但同时，人也会受到情绪的影响，做出错误的判断。所以在信息系统中加入行为模型，做出合理的管理决策，已经成为数字化进程的一个重要组成部分。因此,网络物理系统的管理需要转换为自动模式,数字孪生的加入最容易达成此目标。

在网络物理系统的控制中,应用数字孪生的基本思想是在物理对象和其数字对象之间建立反馈。传统的控制系统可以通过扩展物理设备和虚拟设备之间的交互渠道,并利用智能电子设备的高速计算能力,进而转变为网络物理系统。

5.1.2 影响数字孪生有效性的互动对象参数

本节讲述的参数指的是物理设备与其虚拟对象之间进行互动所必需的数据。参数的数量及颗粒度会直接影响数字孪生在系统中的有效性,并对实际生产造成负面影响。

表 5.2 总结了数字孪生设计环境中用于有效控制和管理生产过程的主要参数及定义。

表 5.2　主要参数及定义

参　　数	定　　义
形状	对象的几何结构
功能性	对象所做行为的目的
健康	一个对象的当前状态与它理想状态的关系
地点	对象的地理位置
过程	对象所参与的活动
时间	完成行动所需的时间和行动的实施日期/时间
状态	所有对象和环境参数的当前状态
业绩	当前工厂生产力与其最佳值的比值
环境	对象所处的物理和虚拟环境
定性指标	定性的信息,因此通常不能用传统的传感器来测量

网络物理系统的一个先决条件是物理对象和其虚拟对象之间存在物理-虚拟连接。物理-虚拟连接是物理对象的状态被传输到虚拟环境并进行分析的必然过程,只有虚拟对象被更新,才能反映物理对象的当前状态。常用技术手段包括物联网、5G 和云计算等。

如果没有物理对象和虚拟对象之间的互动,不可能正确描述一个数字孪生。实现一个连接通常包含两个阶段,首先要捕获物理对象的状态,并使用计量学进行估计;其次是实施阶段,计算出物理对象和虚拟对象之间存在的误差。具体过程如图 5.2 所示。

例如,通过温度传感器获得发动机的温度,温度测量结果通过网络传输到虚拟

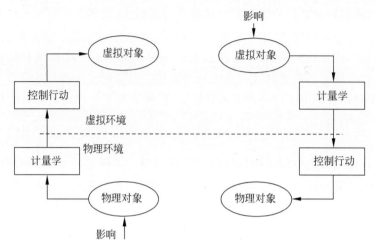

图 5.2 物理对象和虚拟对象之间的双向互动过程

环境。在虚拟环境中测量物理和虚拟发动机之间的温度差，然后更新虚拟发动机，使两个发动机的温度相等。

物理对象与虚拟对象之间的这种相互关联的关系是区分数字孪生与传统设计方法的标志之一。在传统设计方法中，以离线的方式分析物理环境。数字孪生提出的物理/虚拟耦合架构能够快速观察到物理与虚拟环境之间的状态变化。例如，如果由于温度的变化，对发动机的转速产生了影响，那么使用物理/虚拟耦合架构的系统将评估这种干扰对系统的影响。

虚拟对象与物理对象之间的联系表现为信息在两者之间的流动。也就是说，数字孪生可以通过虚拟对象来控制物理对象。例如，在实践中，可以通过虚拟对象来控制可编程逻辑控制器（Programmable Logic Controller，PLC）、机器参数、生产过程等。虚拟-物理通信也要经历如图 5.2 所示的两个阶段。

虚拟对象和物理对象之间的双向关系赋予了数字孪生更加广泛的适用性以及实施的灵活性。在实际的生产过程中，可以先在虚拟世界中提出假设，并做出初步的推断，然后在物理世界中执行、验证和纠正假设，这一过程可随着生产的部署循环执行。

5.1.3 数字孪生概念中的物理和虚拟生产过程

物理生产过程指的是一个物理对象在物理环境中进行的活动。在物理生产过程中，如果物理对象的参数发生变化，这些状态变化将会被记录下来并传输到虚拟对象中。

虚拟生产过程是指在虚拟环境中利用虚拟对象进行的活动。虚拟生产过程绝大多数涉及建模、模型优化以及健康监测、诊断和预测。这些过程会导致虚拟对象的参数发生变化,然后便可以对其状态进行分析,并在物理对象中实施。

图 5.3 说明了将数字孪生的概念应用于生产系统中,从而实现物理和虚拟对象参数双向同步的过程。

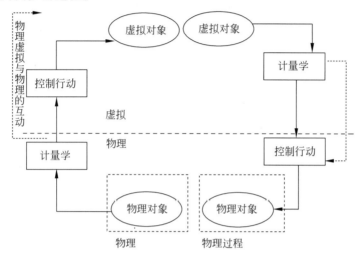

图 5.3 物理对象和虚拟对象的双向同步

图 5.3 显示了物理和虚拟生产过程如何作用于相应的物理和虚拟对象,并执行一系列动作的过程。使用通信技术获取状态的变化,通过物理-虚拟和虚拟-物理连接传输数据,并在同步所有参数后在另一个环境中实施。

与使用硬件方法来控制系统的机电系统相比,网络物理系统的设计采用了面向软件的方法,其本质是生产系统除硬件方面的功能集成。

数字孪生为分析生产过程提供了新的功能,并带来了许多好处,包括:

(1) 降低生产成本、风险和设计时间。

(2) 减少系统重新配置的复杂性和时间。

(3) 改善售后服务。

(4) 提高决策效率。

(5) 提高生产管理的安全性和可靠性。

(6) 提高生产系统的灵活性和竞争力。

(7) 促进生产创新。

5.2　数字孪生多结构系统

5.2.1　描述多结构系统的方法学基础

多结构系统的理论最适合用包含数字孪生的网络物理系统来讲述，因为它包含可扩展性强、灵活性高和可随时间动态改变系统组件等特点。

多结构系统是一个复杂的动态系统，由许多不同的元素组成，每个元素具有不同的物理特性、功能和复杂性，也具有不同的控制模型，但从系统的角度来看，它们拥有一个相同的目标。

多结构的每个元素都有自己的组织基础，能够使用流程管理和功能管理，或者两种管理方法组合使用。一个多结构的系统还可以通过一个度量系统来整合其各个元素的计算结果。这里需要注意的是，每个元素都可以有自己的特点、指标体系和实现目标的行为模式。

任何动态变化的系统都应该是开放的，能够与其他系统互动。系统及其组成元素之间的互动都受制于一些规则，这些规则由系统或多个系统组成的超系统的目标决定。

多结构系统的特殊性在于它是由多个元素（独立系统或独立系统的片段）组成的，这些元素的结构是独立的、自给自足的，并可以实现特定的过程和功能。一个多结构系统的每个元素都可以作为另一个多结构系统的元素来解决另一类任务。

虽然不同的多结构系统存在结构上的差异，但都具有以下特性。

（1）它是开放的，动态变化的新元素可以被添加到系统中，同时系统中的元素可以被删除，或者在一定时期内变为不可见的。

（2）受辩证法的制约（例如，对立统一规律、量变与质变规律、否定之否定规律）。

（3）在各元素的相互作用中形成协同效应。

（4）存在一套规则和一种用于元素间互动的语言。

（5）可以表示成一个由对象、过程和它们之间的联系组成的系统。

（6）多结构系统的目标不等于其组成元素的目标之和，多结构系统的目标对改变或调整其他元素的目标有反作用。

（7）多结构系统的每个元素都有自己的目标树和指标系统，用来评估其对象的状态，这些目标和指标可能包括在多结构系统的目标树和指标系统中，也可能不被考虑。

假设一个对象包含多结构的一系列指标,形成多结构系统的协同效应,就将其称为多结构系统的主体。

　　多结构系统主体最主要的功能是确保多结构系统的所有元素进行信息互动,协调它们的目标,以实现整个多结构系统的目标。同时,对多结构系统元素的管理方式有如下两种。

　　(1) 在多结构系统要素的目标基准框架内,对其内部流程和功能进行管理。

　　(2) 建立多结构系统元素的新目标值,协调公共资源分配规则,以实现多结构系统的目标。

　　图 5.4 是一个多结构系统的架构图,其中:

　　1 代表多结构系统。

　　2 代表多结构系统的元素。

　　3 代表多结构系统的主体(主体系统)。

　　4 代表主体和多结构系统的元素之间的联系。

　　5 代表多结构系统主体的外层部分,包含多结构系统元素的原型、多结构系统元素的目标树、多结构系统元素的指标集、多结构系统元素指标与多结构主体指标的规则和协议。

　　6 代表多结构系统的内部整合层。

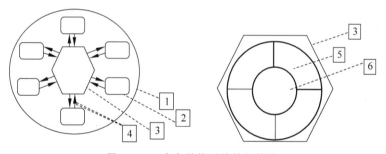

图 5.4　一个多结构系统的架构图

5.2.2　多结构系统的基本要素

　　多结构系统的基本要素包含特定领域中对象的相互关系,称为主题领域。主题领域中的每个对象以一组属性的方式来描述,也称为信息对象(Information Objects,IO)。

　　信息对象一般来说是动态的,即在特定的时间节点,信息对象的状态也不同。若一个信息对象中的属性对系统来说是必需的,则该信息对象处于活动状态,其他信息对象处于潜伏状态。当处于活动状态的信息对象不断增加时,系统的结构也会越来越完整。

根据信息对象在多结构系统生命周期中的作用,可以将信息对象分为以下四组。

1. 描述主题领域的对象

描述主题领域的对象是构成多结构系统元素主题领域的基本要素。根据系统的复杂程度和组成来确定这些对象的属性。例如,企业产品及特点、用于生产的设备和技术、生产材料的组成等。

控制对象是多结构系统主题领域的主要部分,具有一组可测量的特征。例如,车辆控制面板(如速度传感器、油位传感器、里程传感器等)。控制对象由控制对象结构、控制对象特征、控制对象的功能从属、控制对象所包含的技术链、控制对象状态的指标值等组成。

2. 负责决策管理的对象

负责决策管理的对象可以是被赋予系统管理权的人,也可以是具备智能行为的硬件和软件集合。目前可以将数字孪生作为决策管理对象。

决策管理对象包含如下内容。

(1)用于评估一个过程绩效的指标。

(2)用于评估控制对象的一个属性的状态的指标。

(3)用于决策的分析性指标。

(4)对象指标。

其中,对象指标是控制对象能够单独识别的属性,它能够被测量、比较和计算。每个指标由一组特征来描述,包括:指标的标准值、对象实际值、实际值与标准值的偏差、偏差系数。例如,人体体温、高血压、低血压、脉搏、血糖百分比等。

3. 用于多结构系统元素目标设定的对象

用于多结构系统元素目标设定的对象主要以目标树的方式实现。目标树是控制对象特征集合(规范值、实际值、绝对和相对偏差值)的树状结构,它确定了控制对象目标的评价指标。

4. 用于测量和评估主题领域内对象状态变化的对象

用于测量和评估主题领域内对象状态变化的对象包括如下内容。

1)IO 简单对象

IO 简单对象的基本属性和指标之间的关系,一般是一对一关系。

2)IO 复合对象

基本属性和复合属性以及信息对象的索引之间的连接,对于信息对象的基本属性来说,相当于线性的"一对一"连接,而对于信息对象的复合属性来说,则是分层的"一对一"或线性的"一对多"连接。前提条件是复合属性和信息对象的索引之间至少存在一个线性一对多关系。

3) IO 控制对象

IO 控制对象是多结构系统的主题领域的一部分,包含以下数据。

(1) 控制对象的结构。

(2) 控制对象的特征。

(3) 控制对象的功能归属。

(4) 附属关系。

4) IO 控制目标

IO 控制目标是多结构系统的主题领域的一部分。IO 控制目标包含以下数据。

(1) 控制对象的结构。

(2) 受控对象在受控系统中的结构。

(3) 可观测属性值,例如,受控对象的状态。

5) IO 控制对象指标

IO 控制对象指标是为 IO 控制对象单独分配的对象,用于评估 IO 控制对象,包含以下数据。

(1) IO 控制对象的规范值。

(2) 在开始、结束、执行等关键点,IO 控制对象的实际值。

(3) 实际值与标准值的绝对偏差。

(4) 偏差系数。

6) IO 过程评估指标

IO 过程评估指标用于 IO 执行过程的评估,例如,过程执行时间、执行时的资源包是否符合规范、执行结果评估(是否会在后续的步骤中出现错误)等,包含以下数据。

(1) 指标的规范值。

(2) 执行过程相应指标的实际值。

(3) 实际值与规范值的偏差。

(4) 偏差系数。

7) IO 分析决策指标

IO 分析决策指标是 IO 过程评估指标和 IO 控制对象指标的汇总。

8) IO 目标树

IO 目标树是一个数据集,包括以下内容。

（1）IO目标与IO问题的连接结构。

（2）IO目标中相应指标的规范值。

IO目标树是一个树状结构，由以下部分组成。

（1）一组连接IO目标与IO目标指标的组织。

（2）标准值。

（3）实际值。

（4）标准值与实际值的偏差。

9）IO资源包

IO资源包是IO运行时使用资源的集合，包括以下内容。

（1）IO资源列表。

（2）资源使用的日志记录。

（3）资源数量。

其中每个资源的特征，由以下参数描述。

（1）时间信息。

（2）资源规范描述。

（3）资源状态。

10）IO资源

IO资源是关于描述所使用的资源，包括以下内容。

（1）资源ID。

（2）资源状况。

（3）资源优先级。

（4）资源供应端。

（5）资源可用性。

（6）资源稀缺性。

5.2.3 多结构系统的功能管理

对系统进行管理的基础在于信息的处理，这种决策方式一般以信息流为基本单位。在多结构系统中需要同时考虑功能和过程两种信息流，传统的多结构系统中采用端到端的形式来组织信息流，称为基于信息流的组织。这样能够很好地把握信息流的数量和不同功能执行的频率，并且能够实现将某一个进程的信息流传输到其他进程。

然而，基于信息流的组织方式也存在一些不足，例如，需要考虑数据的同步，以及数据流传输过程中重复数据的堆积，还需要确定正在进行的数据流传输两个进程之间的依赖关系,来判断两个进程是否会造成影响。此外,目前常用的数据收集和处理方法经常会受到管理组织的限制,在系统目标改变时需要耗费大量时间调整信息流的组织方式。

所以,如果要将基于信息流的组织应用于多结构系统的管理时,最好的方式是先在虚拟环境中构建数字孪生系统,在虚拟环境中测试完毕后,再在实际系统中进行部署。并且,数字孪生模型具有动态时间变化的特征,能够非常方便地展示复杂对象的活动过程。

为了在虚拟环境中描述信息流交互系统,提出了功能、功能组、过程、过程组、过程阶段等概念。在功能管理模型中,不同的功能之间可以互相转换,一个功能可以激活另一个功能或功能组,图5.5就描述了控制功能与数据传输功能间的转换。激活通过命令的方式来实现。

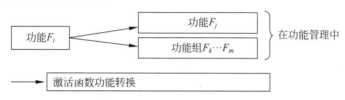

图 5.5　控制功能与数据传输功能间的转换

在虚拟环境下的功能管理模型中,数据传输过程如图5.6所示,描述了一个功能在激活或指示另一个过程或过程组的过程中,数据如何传输。

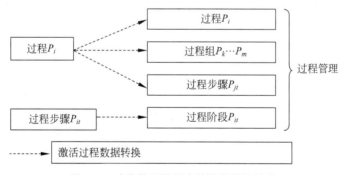

图 5.6　功能管理模型中的数据传输过程

在多结构系统中,过程指的是其在一定时期内执行的一组动作,能够通过一个或多个状态对象改变主题领域的状态,代表信息系统的输入。过程组是多个过程的集合。过程步骤由多个过程阶段组成,能够将生产资源转化为产品。

本章对单阶段和多阶段过程进行了区分,每个过程都可以按照预先确定的条件进行循环。单阶段过程包括一个对象的动作或几个对象相似动作的集合。多阶段过程是指在几个连续或平行活动中进行的过程。多阶段过程可分为如下几类。

（1）直接多阶段过程——包含若干连续或平行过程。

（2）分支多阶段过程，按条件分支——设定一个条件，按照不同情景进行执行的过程；根据从一个阶段过渡到另一个阶段的设定条件，按照不同的情景执行过程。

（3）有条件收敛的分支多阶段过程——在初始阶段的几个分支中实施的过程，并在指定条件下收敛到过程的单一阶段。

（4）级联式多步骤流程——流程具有层次结构，在其结构的每一级都有规范。向较低或较高层次的过渡是由一个给定的条件进行的。

（5）多阶段过程的集合——具有网络过程结构的过程，有条件地切换到相互关联的过程及其阶段的网络的不同部分。

（6）为了进行过程数据转换，有必要设置连接过程、数据转移点（数据被转移到的过程阶段）、数据转移条件和规定、转移数据的结构和格式。

连接过程的内容如下。

（1）数据传输的过程。

（2）数据确认的过程。

（3）当某些条件满足时，将数据从一个对象转移到另一个对象的过程。

流程功能管理的实施涉及功能管理数据流、流程控制以及流程和功能之间的管理转换和数据传输机制的使用（见图 5.7）。

5.2.4　多结构系统的信息流组织

为了有效管理多结构系统，必须要解决数据的收集、存储和信息流的转换问题，以及如何在项目中使用物联网、分布式数据存储技术（如"雾存储""云存储"）等。

在面向功能的系统管理中，信息流的形成受到多系统元素管理系统的层次结构、实现的功能、多结构系统中不同元素包含的资源和执行时间等多方面的影响。多结构系统中的每个元素都应有单独的评估系统，用于性能的评估，评估系统应该包括以下内容。

（1）评估函数及其参数。

（2）功能之间的纵向和横向联系。

（3）一组与性能相关的指标，用于性能评估。

（4）执行结果的目标值及允许的偏差区间。

（5）所获数据的来源和可靠程度。

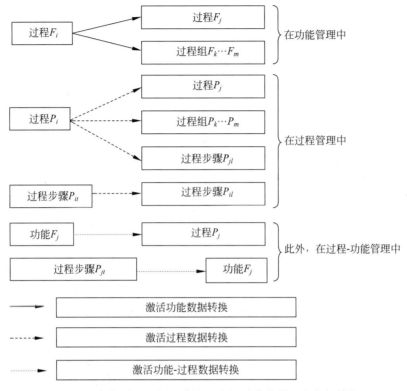

图 5.7　功能、流程、流程-功能和流程-功能的管理和数据转换

（6）数据的格式和获取时间。

（7）用于处理所接收信息的规则。

（8）需要数据流做出决策的管理人名单。

在面向过程的系统管理中，信息流是在多结构系统元素的端到端活动的数据基础上形成的，包括以下内容。

（1）一组由一个或多个步骤组成的活动。

（2）活动之间的联系。

（3）步骤之间的联系。

（4）活动之间的联系条件。

（5）步骤之间的联系条件。

（6）用于评估某个互动或步骤的指标。

（7）活动要达成的目标。

（8）目标的规范值及允许的偏差区间。

（9）所获数据的来源和可靠程度。

（10）数据的格式和获取时间。

（11）用于数据处理的条件和规则。

（12）需要数据流做出决策的管理人名单。

以上两种系统管理方法都存在一些缺点。

面向功能的系统管理的缺点如下。

（1）数字化对象直接互相隔离，不存在交互。

（2）过于关注功能单元的目标，容易忽视多结构系统的目标。

（3）缺乏对多结构系统元件产品的外部消费者的定位。

（4）容易出现不同功能组件对资源的竞争。

（5）存在跨职能部门的竞争，以确定要解决的任务的优先次序。

（6）主要在职能决策层面对活动进行优化。

（7）由于多结构系统元素分级管理结构的变化，或目标树的变化而导致的信息数据流结构重新安排复杂化。

面向过程的系统管理的缺点如下。

（1）系统结果高度依赖于执行过程。

（2）管理不同领域的流程直接的交互非常复杂。

（3）在过程和步骤之间的转换中，很容易出现错误。

（4）不同过程之间也存在对资源（如材料、资金、劳动力、时间）的竞争。

（5）如果某一过程发生改变，就会导致整个系统的信息流产生变化，需要重新组织信息流。

为了消除上述缺点，在实际项目管理中常常结合两种方式共同管理系统。在系统中设置多个结点，用于系统中的数据交互。由于结点能够访问基于过程和基于功能的两种数据流，在结点内能够比较全面地了解系统运行的细节，比较适合进行决策。根据一个结点的重要程度，其包含的信息量也不同。结点在多结构系统中形成树状结构，叶子结点代表过程流的数据，分支代表不同功能的指标。

在两种结合的管理模式下，每个过程包含一组指标，用于描述管理对象的状态变化、涉及资源、运行结果、与目标结果的偏差等。对已执行完毕的过程进行结构化处理，然后按照完成时间、目标实现、管理对象、使用资源、偏差值等进行汇总，并将汇总后的数据转换为符合系统规则的格式，转换后的信息将被传送到结点当中。

结点提供不同信息流的访问切换，满足不同的需求。例如，如果需要考虑导致系统故障引发的系列事件，则需要访问过程数据流。如果需要分析生产过程中的单个流程，则需要访问功能数据流。在多结构系统中加入结点，能够在不改变原有信息查询系统的情况下实现同时访问过程和功能信息,从而快速做出决策。

图 5.8 就展示了一个企业的流程到功能的管理系统。

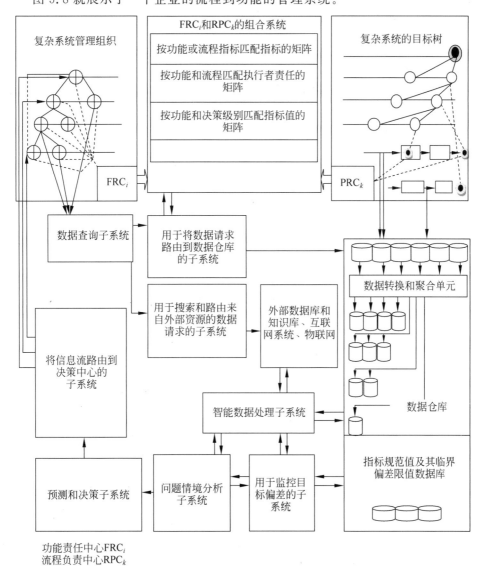

图 5.8　一个企业的流程到功能管理系统的概括图

5.2.5　多结构系统的组织和架构

对多结构系统进行管理意味着要将多结构系统作为一个整体,以协调其各个组件。动态变化的外部环境、为实现既定目标分配和获取必要数量的资源等因素增加了多结构系统管理的复杂性，并且降低了管理效率。

多结构系统由多结构体(EPS)、多结构系统的第 i 个元素(EPS_i)和多结构系统元素之间的连接组成。多结构系统及多结构系统的元素之间会产生如下多种组合方式。

(1)由单个元素组成的多结构系统，可以使用单个度量系统来评估其结果。

(2)多元素的多结构系统，系统中每个元素与另一个多结构系统独立或弱相关。

(3)多元素的多结构系统，系统中的一些元素是一个或多个多结构系统的代理。

(4)多元素的多结构系统，系统中的一些元素可以形成独立的多结构系统或充当另一个多结构系统的元素，也可以是一个或多个多结构系统的代理。

多结构体是一个信息空间，分为内层和外层两个部分，其结构如图 5.9 所示，其中：

1 代表多结构体的内部集成层。

2 代表 EPS_i 原型。

3 代表 EPS_i 的元模型。

4 代表 EPS_i 目标树。

5 代表 EPS_i 指标集。

6 代表 EPS_i 指标与多结构体指标的一套规则和协议。

7 代表 EPS_i 多结构体外层的部分。

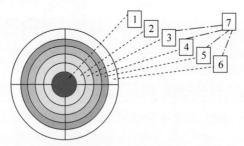

图 5.9　多结构体的结构

多结构体的外层包括以下部分。

(1)多结构系统元素的原型，即主题领域的基本类。

(2)多结构系统元素的元模型，包含一组信息对象和一组描述多结构系统元素主题领域的信息对象之间的关系组合。

（3）多结构系统元素的目标树。

（4）多结构系统元素的指标。

（5）多结构体的组成规则和协议。

多结构体的内层包括以下部分。

（1）多结构系统信息对象的属性列表。

（2）已建立的信息对象与多结构系统信息对象属性之间的关系列表。

（3）一组共线结构和共线关系，用于表示多结构体内层信息对象与外层信息对象的关系，并在逻辑上连接外层信息对象与多结构体的目标树。

（4）多结构体的目标树。

（5）多结构体的指标。

多结构体的协议和规则提供以下内容。

（1）信息流的形成方法。

（2）数据清理和验证方法。

（3）根据多结构系统元素的目标树，使用数据形成多结构体指标的方法。

（4）修改多结构体目标树中叶子结点的默认值的接口，用于控制多结构系统的运行。

多结构系统的信息流组织原理图如图 5.10 所示，其中：

1 代表多结构体中负责数据的采集、处理、存储和传输的结构。

2 代表多结构体。

3 代表过滤器，用于过滤来自多结构系统元素的数据，并根据数据类型进行分组和转换，方便在多结构体中执行操作。

4 代表多结构系统元素中负责数据收集、处理、存储和传输的数据处理模块。

5 代表多结构系统元素。

6 代表多结构系统。

7 代表多结构系统元素的数据流通道。

8 代表双向信息连接。

9 代表多结构系统的目标树和多结构系统元素的目标树之间的数据流通道。

将多结构体的目标树与多结构系统元素的目标树相连接，设置规范性指标，就能够评估多结构系统的有效性和多结构系统元素之间的连贯性。图 5.11 展示了多结构体的目标树和多结构系统元素的目标树之间的数据交互过程，其中：

7 代表多结构系统元素 GT_EPS_i 的目标树。

8 代表多结构系统主体 GT_BPS 的目标树。

9 代表多结构系统的目标树和多结构系统元素的目标树之间的数据流通道。

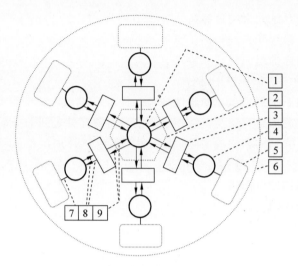

图 5.10　多结构系统的信息流组织原理结构图

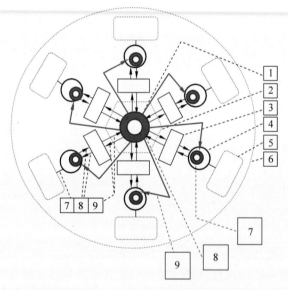

图 5.11　多结构体的目标树与多结构系统元素的目标树之间的信息交互

　　接下来，将介绍多结构体的目标树与多结构系统的元素、多结构体的度量系统和多结构系统的元素之间的信息交互，如图 5.12 所示，其中：

　　1 代表多结构系统元素 GT_EPS$_i$ 的目标树。

　　2 代表多结构系统 MS_EPS$_i$ 元素中负责数据收集、处理、存储和传输的数据处理模块。

3 代表多结构系统 V_EPS$_i$ 元素中负责数据过滤、分组和转换的验证器。

4 代表多结构体 DT_EPS 的目标树。

5 代表多结构体 MS_EPS$_i$ 中负责数据收集、处理、存储和传输的数据处理模块。

6 代表 DC_TCPP 多结构体的目标树和 MC_TCP 多结构体的数据处理模块的协调模块。

7 代表 DT_TC 多结构体的目标树和 DC_EPS$_i$ 多结构系统元素的目标树的协调模块。

8 代表 MC_TCP 多结构体中负责数据收集、处理、存储和传输的数据处理模块与 MC_EPS$_i$ 多结构体系元素中负责数据收集、处理、存储和传输的数据处理模块之间的双向数据连接。

9 代表从 DC_TCPS 多结构体的目标树到 DC_EPS$_i$ 多结构系统的元素的目标树,以及从它们到 MC_EPS$_i$ 多结构系统元素中负责数据收集、处理、存储和传输的数据处理模块的单向数据连接。

10 代表从 DT_EPS 主体的目标树到 MC_EPS 主体中负责数据收集、处理、存储和传输的数据处理模块的单向数据连接。

11 代表从 DC_TCPP 多结构体的目标树到 DC_EPS$_i$ 多结构体元素的目标树的单向数据连接。

12 代表从多结构体系统到多结构体目标协调块 DC_EPS,再到多结构体目标树 DC_EPS 的单向数据连接。

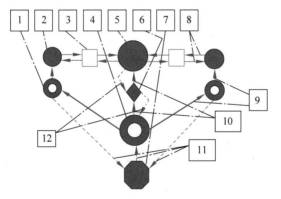

图 5.12 多结构体的目标树与多结构系统的元素、多结构体的度量系统和多结构系统的元素之间的信息交互示意图

整体流程主要是使用多结构体 MC_TC 的协调模块,连接 DC_TC 的目标树、

DC_TC 的目标树，并使用基于智能数据的处理方法对传入的数据进行分析处理，计算出理想状态下的目标值，并赋给目标树中的叶子结点。

接下来，将使用基于交互的数字孪生来管理多结构系统。

在这种情况下，多结构体（PBS）和多结构系统（EPS$_i$）的任何元素之间进行数据传输的方式如图 5.13 所示。为了方便之后叙述，多结构系统元素的数据使用 CD_EPS$_i$ 表示，多结构系统元素的数字孪生使用 DT_EPS$_i$ 表示，多结构体的数据使用 CD_TPS 表示，多结构体的数字孪生使用 DT_TPS 表示，多结构系统元素的度量标准使用 MS_EPS$_i$ 表示，多结构系统元素的度量系统使用 MS_TCS 表示。

每个多结构系统的元素通过 CD_EPS$_i$ 与 DT_TPS$_i$ 进行连接。

根据多结构系统的目标和多结构系统的元素列表，形成多结构体的目标树。在多结构系统中，多结构体目标树的叶子结点能够映射到元素目标树的叶子结点。通过 MS_TCS 配置块和 MS_EPS 验证器，配置 MS_TCS 和 MS_EPS 之间的双向数据传输。使用 SCC 度量系统连接 SCC 数据仓库并进行数据分析。

接下来介绍如何建立多结构体的目标树和多结构系统元素的目标树。在设置多结构系统目标树（DC_PTS）的过程中，需要划分多结构系统的目标和子目标的层次结构以及它们之间的联系，并设置多结构体目标树叶子结点的规范值。该过程由以下几个模块组成。

（1）用于构建目标树并定义和分解规则和条件的模块。

（2）用规范值填充目标树叶子结点的模块。

（3）用于协调目标树叶子结点上的规范值的模块，确保所有叶子结点的值对系统来说是最优的。

（4）生成目标树及其版本库的模块。

（5）为 SCC 目标树的叶子结点建立方法库的模块。

（6）设置目标树加载到多结构体中的规则和条件的模块。

SST 树是根据多结构系统的总体目标构建的。系统的目标可能随时间变化，并取决于多结构系统所在的环境，例如，系统的可用资源。

将 SPS 目标树叶子的规范值加载到 SPS 度量系统中，分析对象状态指标和过程阶段参数的实际值的偏差的绝对值和相对值，并在 SPS 中进行决策，以确保多结构系统功能的有效性。

SCC 目标树的每个叶子对应于 SCC 度量系统的一个指标。目标设置块的 SPS 树是与多结构系统元素目标树设置块相关的设置块。

SST 目标树叶子的结构与目标树叶子的 SST 树的结构和值的匹配过程按照规定的方法进行，匹配的范围取决于：要匹配的对象的复杂程度、要实现的值同步

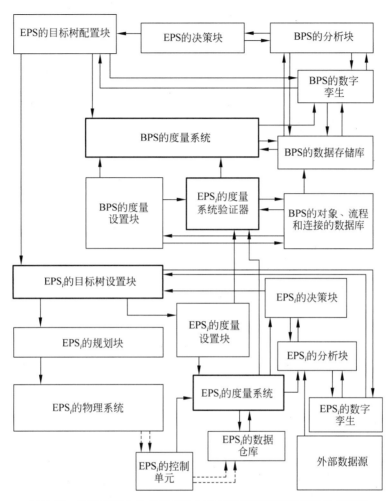

图 5.13　带数字孪生的多结构体与多结构系统元素直接的数据交互

的重要性、产生误差的影响。例如,可以根据商定的结果判断分配规范值;在计算的基础上,根据以往经验取得的成果进行统计;或者在应用遗传算法方法、遗传编程等方法的基础上形成。

　　在 TPS 的数字孪生执行的计算过程中,对 TPS 和 EPS 目标树的叶子的设定规范值的最佳值进行评估。

　　多结构系统的目标树设置块具有与 SCC 目标树设置块相似的结构和功能。多结构系统元素的目标树包含与多结构系统元素(EPS$_i$)对象的功能相对应的分支,在一个或多个进程执行过程中,其叶子结点的值代表属性的规范值。可以使用这些规范值与实际值进行比较，得到误差。多结构系统中的每个对象可以对应目标树中的一个或多个叶子结点，即可以通过一个或多个指标来评估每个对象的状态。

目标树可由如下数据结构表示。

$GP = (P, T)$，其中，$P = \{P_0, P_1, \cdots, P_{k-1}\}$

其中：

P_k 代表元组的 EPS_i 指标（Name，NP_k）。

Name 是 FTE_i 指标的名称。

NP_k 代表 SPS_i 指标的规范值。

k 代表目标树叶数，$k = 1, \cdots, m$。

m 代表目标树中的目标数量。

T 代表 SPS_i 指标之间的连接。

SPS 目标树不是一成不变的结构，可以随着多结构系统的目标及系统中各个元素的变化定期重组。

SPS 目标树（SO_TPS）和 EPS 目标树（SO_EPS）之间存在以下三种不同程度的关联。

（1）完全关联。EPS 目标树是 SST 目标树的一个分支并且它是 SST 目标树的组成部分（见图 5.14）。

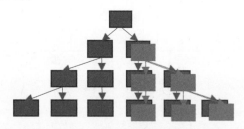

图 5.14　EPS 和 SSP 完全关联

（2）部分关联。部分 EPS 目标树分支是 SST 目标树的一部分（见图 5.15）。

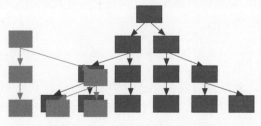

图 5.15　EPS 和 SST 部分关联

（3）松散耦合。EPS 目标树的单个叶子结点是 SST 目标树的一部分（见图 5.16）。

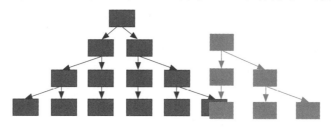

图 5.16　EPS 和 SST 松散耦合

（4）无关联。EPS 目标树和 SST 目标树相互独立（见图 5.17）。

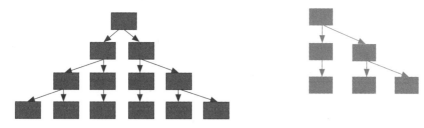

图 5.17　EPS 和 SST 无关联

5.2.6　多结构体度量系统和多结构系统元素

多结构体度量系统（MS_TCS）是负责数据提取、转换和传输的模块。度量系统包含各种聚合和转换的指标，能够反映多结构系统对象执行的状态，并依照多结构体的目标树管理对象。

度量系统的目的是形成度量来组织信号传输到对受控系统对象的属性变化有积极影响的点，以有效地实现其目标。度量由系统对象的一个或一组属性的状态的指标构成，这些指标影响受管控系统目标的实现，以及多结构体目标树的聚合和转换值。

根据自动执行的计划事实分析（指标的实际值和标准值的相关性）以及根据情景中心（为受控数据传输分配条件和路径的嵌入式模块）设置的条件进行过滤，利用在度量系统中产生的偏差值执行适当的决策。传输数据流的路由、信息呈现格式的选择、决策中心层次结构的级别（操作、战术、战略）以及控制测量的频率和详细程度均由 MS 块和 SCC 决策块之间的相互作用的规则确定。

根据 MS_TCS 的预定义规则，从场景数据库中选择传输规则，或者根据积累的经验和备选方案进行比较分析，由多结构体的数字孪生生成最优解。

TPS 度量系统包含以下模块。

1. 输入数据验证模块

表示从目标树向对象传输数据的过程，其中涉及实际值与规范值的比较方法，来计算它们的绝对和相对偏差。

度量系统包含的偏差类型包括以下内容。

(1) 运行区域的偏差。

(2) 决策区域的偏差。

(3) 全局区域的偏差。

运行、决策和全局区域的偏差范围是依据控制对象设置的，用于评估对象属性的变化。根据消除偏差或纠正指标值的间隔值决定的级别（运行、决策或全局）来设置偏差的一致性规则。例如，如果指标值的偏差在操作控制区域的临界偏差范围内，则已发生偏差的信息将被传送到操作回路的各个中心，以用于对目标或控制主体进行决策并制定控制行动。

度量系统的指标在活跃和潜在两个状态切换。处于活跃状态的指标可以收集系统对象的数据并为系统决策提供依据，处于潜在状态的指标只收集数据并不影响系统决策。

2. 指标数据生成模块

在该模块中，使用指定的数据转换和聚合方法生成指标值。指标值是系统做出决策的重要依据。采集的实际值和指标值之间的关系如下。

(1) 实际值等于指标值。

(2) 实际值是一个或多个指标值的线性函数。

(3) 实际值是一个或多个指标值的非线性函数。

(4) 实际值是考虑到时间因素的指标值的聚合函数。

3. 指标值排序模块

根据指标值对系统的影响程度进行排序。首先将指标值进行汇总，按照偏差类型对指标值进行分类，再根据指标值对多结构系统目标的影响进行排序。

4. 数据传输规则及其应用条件模块

使用数据验证器建立 SCC 度量系统与其元素的度量系统之间的连接。数据验证器也可用于 MS_TCS 与其元素的每个 MC 之间的通信。

MS_TCS 中算法的执行过程如下。

(1) 确定多结构系统管理的目标（例如，对于企业来说，通常包括减少生产成本、扩大市场占有率等）。

(2) 确定处理对象的方法。

（3）设定指标并标明来源。

（4）确定指标与决策中心，即决策执行者。

（5）明确向指标与决策中心传输数据的条件和规则。

（6）建立运行、决策、全局控制区的指标规范值和临界偏差范围。

（7）制定规则来监督多结构系统目标的实现情况。

多结构体的目标树与多结构系统元素的目标树相关联，通过设置规范性指标控制多结构系统的元素，评估多结构系统的有效性及多结构系统元素的一致性。

5.2.7 多结构系统的管理系统

构建多结构系统管理系统的难点在于信息流的构建，使信息流在多结构体层面具有统一的结构和处理标准。

多结构系统的元素都有自己的一套评价标准和生命周期。在使用多个元素来衡量系统时，很可能会出现评价同一个指标的属性名称不同、时间维度不同等问题。为了管理多结构体系统，需要制定统一的度量体系，保证数据的一致性，并采用统 的时间尺度。

系统规定每个指标在时间 t（其中，$t = 0,\cdots,l$）被分解为以下 4 个部分。

（1）指标 FP_{tk} 的实际值。

（2）一组依赖于管理目标 NP_k 的规范值。

（3）指标的绝对偏差值 $\mathrm{AP}_{tk} = \mathrm{NP}_k - \mathrm{FP}_{tk}$。

（4）指标的相对偏差值 $\mathrm{OR}_{tk} = \mathrm{NP}_k / \mathrm{FP}_{tk}$。

除了对象的状态，其余每个指标都由以下特征描述。

（1）名称。

（2）计量单位。

（3）数据类型。

可以为指标分配辅助特征，对数据进行进一步的分析，例如：

（1）指标值的收敛方向，指示指标值向最佳结果靠近。

（2）属性（包括主属性、可分配属性、可计算属性）。

主属性表示另一个过程的指标值，可分配属性由决策的执行者分配。

可计算属性由公式或算法经过计算得到，可计算属性可能包含的内容如下。

（1）财务、客户、人员、技术、环境、社会经济等指标。

（2）指标的状态（活动的、潜在的）。

（3）指标的方向。

（4）数据生成时间。

（5）数据进入 MS_TCS 的时间。

（6）数据生成地点（地理坐标）。

（7）数据生成源。

（8）数据的准确性/可靠程度。

每个指标都有自己的度量系统，来估计多维空间中物体投影的参数（属性、属性值、属性值的变化对各种因素的依赖性）。度量系统允许两个对象直接关联，借此评估系统中各个元素之间的关系。

使用度量可以定性或定量地评估对象，以不同的视角查看对象的结构特征。

在对象的状态和时间的多维空间中定义对象的基本度量，是由描述产品生命周期轨迹的向量表示的。

因此，在空间的不同点上，物体的属性状态在某些度量上有投影。每个度量都以一组单位为特征。随着对象状态的变化，状态向量的每个值都将对应于它自己的一组投影。

度量可以是相关的，也可以是不相关的。一组相关度量由度量之间的关系定义。该组度量和相应的度量尺度产生了对象的投影，投影可以对应于对象的状态函数。

每个度量都有自己的单位系统。例如，长度可以按微米（μm）、毫米（mm）、厘米（cm）、分米（dm）、米（m）、千米（km）等尺度进行测量。

方法是对象间转换、展示对象间属性之间关系的过程，包括达成目标的方法、细化对象的方法、识别对象属性的方法、评估对象的方法、指标测量方法等。

以上各个度量系统组件之间的关系如图 5.18 所示。每项指标都附属于一个或多个责任中心。

为了较为清晰地识别数据之间（多结构系统的元素之间）的隐藏模式，可能要调查和分析信息对象的结构之间的关系，以便更为详细地描述对象。这也有助于捕获对象的变化以及系统管理目标的变化（目标树结构的变化，多结构系统元素目标的规范值和容忍范围的变化）。

由于信息物理系统管理的主要趋势是无人化管理及其数字孪生的功能化，因此推动了更多自动控制的元素及其在多结构系统中的应用。

5.2.8　多结构系统自动控制原理与技术

多结构系统可能包含以下行为：算法行为、反射行为、智能行为。如果不使用数字化对象或整个系统的数字孪生，就无法实现这些行为。

根据智能控制的行为模型类别，可以将控制机制分为以下三类。

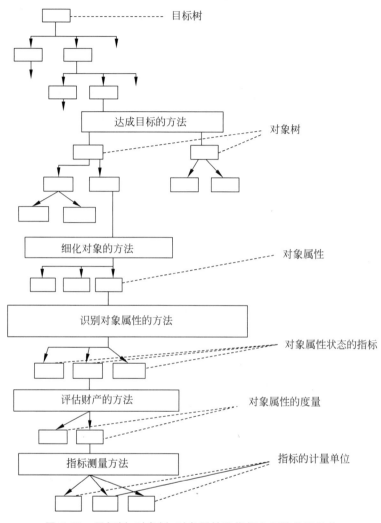

图 5.18 目标树、对象树、对象属性和指标之间的关系结构

（1）多结构系统元素的静止控制。

（2）多结构系统元素的触发控制。

（3）基于搜索过程的控制。

第一类系统控制方式通常是由固定的算法实现的。在系统中预先制定了许多用于解决特定问题的算法。

第二类系统控制方式利用算法和反射。反射指的是可以根据具体的情况来改变算法的执行结果。系统中也预设了许多算法，系统根据实际情况调整算法的条件,让执行过程更加符合实际情况。第二类控制系统具有自动模式。

在第二类系统控制方式中,若要考虑多个对象之间的相互关系,还需要添加触发控制。对象之间的交互由业务逻辑定义,系统的行为是根据对象及其功能共同描述的。使用触发控制确保对象的运行结果与目标树上的值相同。

第三类系统控制方式综合上述两类控制方式,包含以下功能。

(1)对物理环境的状态进行评估。

(2)确定在当前条件下实现目标所需的属性。

(3)选择需要执行的进程,以确保系统具有所需的属性。

(4)执行选定的功能。

(5)选择影响数字化对象的方式并改变对象状态。

(6)寻找系统异常的解决方案,这样控制系统就可以在自动模式下运行。

多结构系统的自动控制系统必须具有以下特性:广泛的通信能力、解决复杂问题的能力、自学习能力等。这些能力是通过各种智能数据处理方法实现的,这些方法分为以下几类:关系、分类和编码、聚类、预测、一致模型、决策树等。表 5.3 展示了这些智能数据处理方法的行为,并进行评估。

在考虑智能控制系统时,需要区分以下组件:用户界面、数据库的接口、数据库、业务逻辑实现模块,它们可以基于不同类型的架构相互交互。

例如,认知图形系统作为一种智能系统,使用智能数据处理技术分析出关键数据,以便人类在准备管理决策时能快速捕获关键信息。管理决策就是该系统所包含的行为。在这样的系统中,只有用户界面具有智能行为,信息系统的其他组件可能不具备智能行为。

表 5.3　智能数据处理方法

行为模式	智能数据处理方法					
	关系	分类和编码	聚类	预测	一致模型	决策树
算法行为	—	3	34	24	24	24
反射性行为	124	124	12	124	124	124
智能行为	1234	1234	1234	234	1234	1234

其中:

1-具有良好的沟通技巧。

2-解决复杂的、形式化不佳的任务。

3-自学习。

4-适应性。

智能控制系统应该包含合适的信息处理软件,如数字孪生系统。这样的数字孪生系统应该包含以下内容。

（1）系统的数字模型。

（2）从物联网、传感器、控制器、信息系统等收集数据。

（3）原始数据处理的验证器。目的是重新分配信息流，随后根据特定要求过滤数据，并将其传输到度量系统进行评估。

（4）智能数据处理模块。

（5）决策模块。基于先前积累的数据进行决策。

（6）搜索对系统影响较大的模块。

数字孪生的控制行为可能会影响目标的实现，所以必须在多维状态空间和多结构系统中考虑一组相互关联的对象。在这个过程中，可能会出现难以预先定义或难以使用数学模型描述的非线性过程。智能搜索可以通过基于多结构系统整体及系统中单个元素的振荡过程来执行。

5.2.9　信息物理系统的数学建模及其对数字孪生的管理

为了对信息物理系统进行建模，需要使用对象过程数据模型。该模型的特点是将系统表示为一组相互关联的对象，可以在各种过程中使用。模型的组成包括系统对象的元模型和对象之间关系的元模型。这些元模型反映了系统的各种操作。系统的动态模型利用系统运行中产生的数据流来建立。

网络物理系统的数字孪生包含以下三个层次。

第一个层次是系统对象和过程的元建模。

第二个层次是以目标树的形式对系统的目标进行建模，并形成一个结构模型，在对象和过程之间建立联系。

第三个层次是建立数字模型与物理信息系统的连接。通过物理信息系统到数字模型的双向数据传输，实现对系统的有效管理。

物理信息系统建立了目标树中的对象和指标之间的联系。物理信息系统中的数据来自物联网、控制器、传感器。考虑到目标树的结构，传入的数据将在数据库或数据仓库中存储。

数字孪生的信息组织结构如图 5.19 所示。

为了描述对象和过程的结构，下面将使用集合论和图论的方法，并对语义（谓词演算语言）进行建模。

信息物理系统对象的元模型将以代数系统的形式表示：$A = \langle \Theta, \Sigma_F, \Sigma_p \rangle$，包括集合 Θ，定义在集合 Θ 上的一组操作（函数）Σ_F。

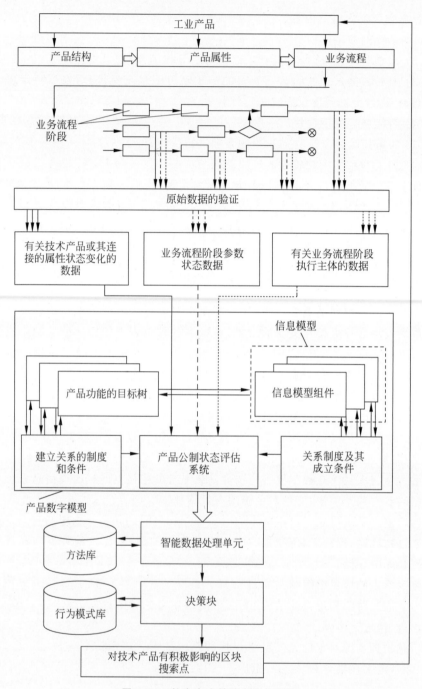

图 5.19　数字孪生的信息组织结构

$O = \{o_1, o_2, \cdots, o_q\}$ 表示系统的对象集合,其中,i 为对象的编号,$i = \overline{1, q}$,q 表示对象的数量。

$H = \{h_1, h_2, h_3, \cdots, h_m\}$ 表示系统的基本属性集,其中,h_j 表示属性的编码;$j = \overline{1, m}$,其中,m 表示对象属性的数量。

$K = \{k_1, k_2, \cdots, k_{15}\}$ 表示一组有限的对象类型,其中,k_p 表示对象类型。

对象的属性列表如下。

(1) 对象说明。

(2) 控制对象。

(3) 控制目标。

(4) 控制对象属性状态的指示器。

(5) 工艺/工艺阶段绩效指标。

(6) 决策分析指标。

(7) 目标实现指标(标准)。

(8) 目标。

(9) 目标树。

(10) 工艺步骤的资源包。

(11) 资源。

(12) 决策中心树。

(13) 职能责任中心。

(14) 过程责任中心。

"线性列表"对象的定义如下。

$$O_i \subset \oplus \{H_m : m \in M, m_k = 1\}$$

其他类型的对象可能包括其他对象,定义如下。

$$O_i \subset \oplus \{O_i, H_m : i \in Q, m \in M, m_k > 1\}$$

目标树由如下的图表示。

$$\overline{G}_A = (A, T), \quad A = \{A^0, A^1, \cdots, A^{P-1}\},$$

其中,A^i 表示指标,定义如下。

$$A^i \in A, \text{and } A \subset O$$

$$A \subset \oplus \{O_i, H_m : i \in Q, m \in M, m_k \in [5, 6, 7, 8]\}$$

A^i 是一个元组,结构为(ID, Name, Type, O, H, NV, R),其中:

ID 表示指标的标识符。

Name 表示指标名称。

Type 表示指标类型。

O 表示来自数字化结构的信息对象，包含两种类型：控制对象或控制目标。

H 表示信息对象（控制或管理对象）的属性。

NV 表示指标的规范值。

R 表示被影响对象。

T 表示指标和被影响对象之间的一组联系。

每个关系决定了指标的聚合方法，提供了指标价值和数字化对象目标的实现方式。

网络物理系统中出现的进程定义如下。

$\overline{G}_D = (D, Y)$，其中，$D = \{D^0, D^1, \cdots, D^{P-1}\}$，$D$ 是进程集，Y 是进程之间的链接集。

每个 D^i 过程，由一个图表示：

$G_R = (R, L)$，其中，$R = \{R^0, R^1, \cdots, R^N\}$。

R 代表被影响对象的集合。

L 代表过程的被影响对象之间的一组链接。

被影响对象收集数据并通过物联网工具对其进行初始处理。

被影响对象由以下元组表示。

$R_j = (P_j, C_j, H, A)$，其中：

P_j 表示执行者。

C_j 表示信息对象。

H 表示在所描述的过程中处理信息对象的一组方法。

A 表示一组表征被影响对象工作特征的指标。在责任中心形成的指标由度量系统处理，度量系统将对象的状态传递给控制系统。每个指标都是一个信息对象，定义为：

$$A^i \in A, \quad \text{and } A \subset O$$
$$A \subset \oplus \{O_i, H_m : i \in Q, m \in M, m_k \in [5,6,7,8]\}$$

数字化对象元建模最重要的阶段是建立目标树中的对象、流程和指标之间的连接，连接决定了数据库和数据仓库中数据流的来源。

数字化对象元建模的最终目标是建立一个数字模型的存储库，可以通过唯一标识符获得指定数字化对象的指标和关联对象。

过程 L_i 表示了不同阶段对象之间的连接，由以下元组表示。

$$L_i = (V_n, E_k, V_j, V_m, t, r)$$

其中：

V_n 代表对象标识符。

E_k 代表对象的属性标识符。

V_j 代表接收对象标识符。

V_m 代表接收对象属性标识符。

t 代表通信的时间间隔。

r 代表连接类型。

连接类型包括：对象-对象连接、对象-属性连接、属性-属性连接。本章使用一个机械元件来展示它们的功能(参见图 5.20)。

第一种连接发生在对象之间,例如,轴与轴承、外壳与轴承。

第二种连接发生在一个对象和另一个对象的属性之间,例如,轴承与轴承状态。

第三种连接发生在不同对象的属性之间,例如,轴承的内径与轴柱的直径。

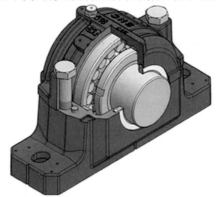

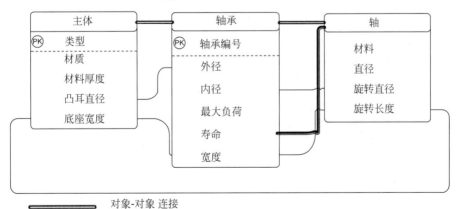

图 5.20 机械元件中的不同连接

随着控制系统的发展，系统中的信息对象能够得到越来越多的信息。信息对象能够根据不同的信息改变自身结构，信息对象结构的每一次变化会产生一个新版本，在不影响先前版本的情况下添加新的属性。信息对象的数据通常来自于物联网。

物联网包含传感器和控制器两种类型的设备。传感器可以读取数字化对象的参数并将数据传输到信息系统。控制器可以控制数字化对象的动作。来自物联网的数据通过联机分析处理（OLAP）的方式进行处理。

使用物联网为数字化对象赋值，就能使用数字化对象监视和控制物联网中的设备。可以通过数字孪生的软件平台实现这一过程。

数字孪生的软件平台必须包含的功能如下。

（1）提供物理对象的数字化对象。

（2）使用传感器跟踪物理对象的数据。

（3）根据用户需求优化物理对象的性能。

互联网架构委员会（IAB）发布了 RFC 7452，提出了四种用于物联网对象之间通信的模型。

（1）对象到对象的通信。构建两个对象之间的无线通信，信息通过 ZigBee 或蓝牙等无线通信技术进行传输。

（2）对象到云的通信。将云平台作为传感器和应用程序的中介。

（3）对象到网关的通信。传感器收集的数据通过网络发送到服务平台。

（4）内部数据共享对象。该模型的目的是实现用户与服务提供商之间的数据共享。服务供应商提供 API，允许其他用户访问。

IEEE 标准协会（IEEE-SA）提出了物联网对象交互的三层模型。

第 1 层，应用程序：提供应用程序和服务。

第 2 层，云计算：处理数据的服务平台。构建传感器、平台网络和数据处理软件之间的通信。

第 3 层，传感器网络：存储传感器以及它们之间生成的数据，并提供数据连接服务。

表 5.4 显示了当前数字孪生设计领域比较热门的软件解决方案，介绍了它们的用途和应用领域。

表 5.4　数字孪生的现代软件平台、其目的和应用范围

序号	平台名称	平台任务	应用领域
1	Predix(USA 美国)	工业物联网操作系统	工业企业
2	IoTIFY（Switzerland 瑞士）	物联网虚拟化平台，用于建设智能家居、智能邻里、智慧城市	通用（用于创建数字孪生的基本功能）

续表

序号	平台名称	平台任务	应用领域
3	Oracle IoT Production Monitoring Cloud（USA 美国）	该软件用于收集生产设备过程中的数据，并根据生产线和工厂定义，提供整体视图	工业企业
4	AKSELOS（UK 英国）	该平台旨在使用下一代建模技术保护关键基础设施	通用
5	ANSYS Twin Builder（USA 美国）	该软件旨在改善预测性维护的效果，以节省设备的维护成本，优化产品性能	通用
6	Autodesk Digital Twin（USA 美国）	该软件旨在创建物理资产的智能数字原型，并为其产品和现实世界中存在或将存在的对象提供大量数据	通用
7	Bosch IoT Suite（Germany 德国）	提供可靠、安全、经济高效和可扩展的互联网连接	通用
8	Cohesion（USA 美国）	楼宇管理应用程序，为物业提供智能管理并提供分析业务	通用
9	CONTACT Elements for IoT（USA 美国）	将物埋设备连接到数字世界，为关键任务提供高质量以及可靠的服务	通用
10	Flutura Decision Science（USA 美国）	物联网软件平台，旨在为工程和能源领域实施新的工作模式	能源与机械工程
11	iLens（India 印度）	该软件专为工业物联网而设计，通过接口连接、外围计算、监控和预测分析等功能满足工业 4.0 的要求	能源和公用事业
12	Iotics（USA 美国）	通过做出最明智的决策来管理企业。Iotics 是唯一一个为整个企业环境提供决策的数据平台	通用
13	MachStatz（India 印度）	使用人工智能算法和机器学习提供工业问题解决方案。主要数据是从 LoRa、NB-IoT 和其他无线技术的智能设备收集的。能够提高生产效率并减少工业设备的停机时间	工业企业
14	nDimensional（USA 美国）	该软件是一个全周期的应用程序开发平台，使公司能够快速设计、开发和部署	业务流程
15	SAP Leonardo Internet of Things（Germany 德国）	将物联网设备嵌入公司核心业务的软件	业务流程

续表

序号	平台名称	平台任务	应用领域
16	ScaleOut Digital Twin Builder(USA 美国)	一个数字孪生平台,可跟踪每个数据源的动态信息并在服务器上处理,从而能够预测物理对象的未来行为	通用
17	Seebo(Israel 以色列)	将物联网建模、执行和行为分析工具整合到现有业务中	商业领域
18	ThingWorx Operator Advisor(USA 美国)	该平台通过为运营商提供来自智能设备的统一数据,帮助制造商提高运营效率。它可以连接到各种制造系统,包括 ERP、MES、PLM 和 CMMS	生产系统
19	XMPro(USA 美国)	XMPRO 应用程序平台允许工程师和核心开发人员结合事件来检测、分析复杂应用程序。该平台结合了数字孪生技术、事件分析应用程序,为中小企业提供了解决实时业务问题所需的数字工具	通用
20	Tekvel Park（Russia 俄罗斯）	数字化发电站的生命周期管理系统,在项目的不同阶段(从设计到运营)为工程师提供支持	能源领域
21	AWS IoT Core(USA 美国)	一种托管云服务,允许连接的设备与云应用程序和其他设备简单安全地交互。该平台允许创建应用程序来收集、处理和分析连接设备生成的数据,并根据数据执行操作,无须管理任何基础设施	通用

5.2.10 数字化对象的数字孪生及其在多元结构系统中的实现

当数字孪生应用于多元结构系统的管理时,通常包含度量系统、智能数据处理模块和控制系统,用于收集、处理和组织系统中的数据。为了方便读者理解,本章将大量使用谓词演算语言。

度量系统在分析系统状态时,会根据公式处理初始数据,这些公式在指标偏离其标准值时取"真"值,同时添加以下附加属性集。

(1) IT,代表数据提供者,形式如下。

$IT = \{IT^1, IT^2, IT^3, \cdots, IT^n\}$,其中,$IT^i = (ID, Name, O, H, A)$,其中:

ID,代表物联网标识符。

Name，代表物联网名称。

O，代表数字化对象。

H，代表数字化对象的属性。

A，代表目标树的值。

（2）$DV = \{dv_1, dv_2, \cdots, dv_d\}$，代表给定精度的日期与时间格式的日期集，其中，$dv_i$ 是特定的时间点，$i = \overline{1,d}$，其中，d 代表给定时段内的秒数。该集合在受控对象生命周期的所有阶段都要存在。

（3）RD 代表物理系统的实际状态的数据集合，形式如下。

$RD = \{RD^1, RD^2, RD^3, \cdots, RD^n\}$，

$RD^i = \{A, NV, PV, IT, DV, FP, AP, OP\}$，其中，$A$ 表示指标，NV 表示标准值，PV 表示预测值，IT 表示数据源，DV 表示时间，FP 表示实际值，AP 表示绝对偏差（AP = NV − FP），OP 表示偏差系数（OP = NV/FP）。

指标的实际值会根据 DV 确定物理对象在给定时间点的状态而改变。

指标的预测值是根据物理系统的数字模型计算的。物理系统的数字模型建立在分析系统当中，该系统采用领域结构、人工神经网络和其他物理对象建模方法进行构建。

根据预测值和实际值的比较结果，从预定义的集合中获得决策。通过实际值和预测值的比较可以评估网络物理系统参数模型的准确性，并确定是否有必要对模型进行调整。例如，重新训练人工神经网络、改进物理对象的三维模型。

对象特征集合 Σ 的谓词表现形式如下。

$Pred = \{obj\_type^{(2)}, prop\_type^{(2)}, prop\_name^{(2)}, obj\_name^{(2)}, version^{(2)}, s\_prop^{*(3)}, inserted\_sd^{(4)}, inserted\_cd^{(4)}, struct\_oc^{(4)}, struct\_om^{(4)}, uiio^{(5)}, struct\_SBP^{(n1)}, step\_SBP^{(n2)}\}$。

描述信息对象唯一标识符的谓词表现形式如下。

$uiio(O, N, H, O, Y, DT)$，其中，$Y \subset N$，表示包含在信息对象的唯一标识符中的属性的编号。

谓词是在以下集合上定义的。

$$M^u = O \times N \times H \times O \times Y \times DT = \{(o_i, n, h_j, o_\varphi, y_\mu, dt) \mid o_i \in$$
$$O : (\exists b_w \in B, obj\_name(o_i, b_i)),$$
$$n \in N, version(o_i, n), y_\mu \in N, h_j \in H : [(s\_prop^*(o_i, n, h_j) \rightarrow \varphi = i) \vee$$
$$\vee \exists \overline{o_r} \in S^i : s\_prop^*(o_r, n, h_j)]\}$$

在定义了信息对象和指标后，接下来应该讨论这些对象在度量系统中为实现

目标的相互作用。

指定数据提供者的指标 a_j 的谓词形式为：Fact(IT,A,O,H)，其真值的谓词形式如下。

$$M^{\text{fact}} = A \times IT \times IT' \times \cdots \times IT' \times O \times H \supset \{(a_j, it_1, it_2, \cdots, it_i, o, p) \mid$$
$$a_j \in A, it_i \in IT, o \in O, h \in H\}$$

为了找到索引值 a_j 在时间 dv 的偏差，定义了一个谓词 dif(A,IT,O,RD,DV)，其真值的形式如下。

$$M^{\text{dif}} = A \times IT \times O \times RD \times DV \supset \{(a_j, it, o, fp, nv, dv) \mid$$
$$a_j \in A, it \in IT, o \in O, fp \in RD, nv \in NV, fp \neq nv, dv \in DV\}$$

根据偏差的类型，控制系统将决策分为三个层面：操作、决策、全局。

在操作层面，对象和过程的结构不会改变，需要从已知集合中寻找偏差的原因，并选择行为模型，使系统恢复到稳定状态。

恢复系统稳定的方式主要有三种：维持平衡、触发、搜索。

在第一种方式下，多元结构体不会改变指标体系。

在第二种方式下，多元结构体的指标会随着业务流程的执行发生变化，由触发器进行控制。

在第三种方式下，通过调整多元结构体的目标树，建立新的多元结构体指标体系。

行为模型的选择取决于数字化对象的目标。当需要消除单个对象中单个指标的偏差时，使用算法行为模型。当指标包含多个数字化对象的属性，并且目标函数被定义为优化问题时，应用自反行为模型。

$UV = \{uv_1, uv_2, \cdots, uv_v\}$ 表示管理影响的变量的集合，其中，uv_i 代表特定管理影响的变量，$i = \overline{1, v}$，v 代表管理影响的不同变量的数量。

$DQ = \{dq_1, dq_2, \cdots, dq_o\}$ 表示偏差范围集，其中，dq_i 代表偏差的范围，$i = \overline{1, q}$，q 代表偏差范围的数量。

综上，过程监控可以通过集合 $\Theta = O \cup BP \cup DV$ 和 Σ 的代数系统 $A = \langle \Theta, \Sigma \rangle$ 来描述，其中：$O = TO + SZ + AR + ON + OK + OU + UV + DO$。

对系统行为建模的函数为：$T = f(A, Cond, D, Q)$，其中：

$A = \{A_k\}$ 代表目标树中的指标集。

$Cond = \{Cond_k\}$ 代表来自度量系统的指标。

$D = \{D_p\}$ 代表实现目标所需的过程集合。

$Q = \{0,1\}$ 代表必要性系数。

不匹配参数集被定义为：$\text{Cond}(A,\text{RD},\text{Dev})$，其中：

A 代表指标集。

RD 代表实际值集。

Dev 代表偏差集。

不匹配参数集将目标树中的指标集与度量系统中的实际值进行匹配。

集合 M 的定义如下。

$$M = A \times \text{PR} \times \text{Dev} \supset \{a_i, \text{pr}_j\} \mid \text{pr}_j \in \text{PR}, a_i \in A, \text{Dev} \neq \varnothing$$

可能的必要操作集定义如下。

$$\text{Act}(A, D, \text{RD}, \text{Dev})$$

必要操作集将过程集和责任中心分配给指标集，在这个过程中，责任中心中的指标会发生变化并出现偏差。

M 真值集的定义如下。

$$M = A \times \text{Dev} \times D \times R \supset \{a_i, d_j, r_k\} \mid a_i \in A, \text{Dev} \neq \varnothing, d_j \in D, r_k \in R$$

如果在操作层面无法做出决策，即任何管理决策都导致情况恶化，那么问题解决就转移到战术层面。在战术层面添加数字对象的新流程或功能尝试做出决策，物理对象的结构不变。如果无法在战术层面上做出决策，则制定管理决策的任务将转移到战略层面。如果未定义目标函数，则执行震荡算法（通过遍历目标树的活动影响点，搜索影响数字化对象的指标）来寻找解决方案。

震荡算法应该选择能够解决系统问题的指标。如果震荡算法搜索失败，目标树的任何一级都没有足够的数据来解决问题，则需要扩展对象的结构，引入新的属性并确定新的数据提供者。对象结构发生扩展的情况包括：设置新任务、正在进行的任务没有解决方案、解决方案不够有效。

搜索方法采用智能搜索算法，例如，多目标遗传算法，步骤如下。

第一步：定义问题。每个个体都是网络物理系统的虚拟模型。目标函数是实现目标树中指标的给定值。群体表示具有不同实际指标值的网络物理系统的虚拟模型集合。

第二步：形成初始群体。

$$\text{TW}(0) = \{\text{KPS01}, \text{KPS02}, \cdots, \text{KPS0}N\}, \quad t = 0$$

第三步：按顺序执行循环步骤。

步骤 3.1 根据标准 $A = 1, \cdots, k$ 计算每个个体的适合值。

步骤 3.2 对于 j 从 1 到 Nlk，从群体中选择一个个体进入中间群体。

步骤 3.3 如果 $l < k$，返回步骤 3.1。

第四步：从给定的 $N/2$ 对集合中随机形成适用于每一对集合以及其他遗传

算子的群体。例如，形成新的群体 TW($t+1$)。

第五步：$t=t+1$，返回第三步。

在信息对象的生命周期中，其结构随着版本的变化而变得复杂。同时，这种变化不会干扰现有的业务逻辑流程。详细的目标树可以更准确地识别指标对系统目标实现的影响，并改进业务逻辑。

5.3 智慧能源多结构系统示例

目前，许多能源公司期望使用数字技术实现数字化转型。能源领域的数字化转型需要实施的内容如下。

(1) 能源生产、运输和分配的自动管理。

(2) 在能源生产过程中引入智能电子设备(IED)和信息系统。

(3) 企业业务的数字化管理。

(4) 为客户提供 IT 服务。

(5) 保证网络安全。

(6) 能够分析和整合公司的信息，并管理公司的智能系统。

能源领域的数字化转型技术可分为以下两类。

(1) 经典数字化转型技术。

(2) 工业 4.0 技术。

智能能源系统(IES)是能源领域应用较多的系统，包括如下几种。

(1) 数字发电站，采用开放的自动化协议，无需操作人员即可自动运行。

(2) 智能计量和能源监测系统。在能源设施中引入自动化业务的计量系统，减少能源损失，提高自动化水平。

(3) 能够在应急线路上安装分布式设备，消除电缆网络可能产生的事故的系统，例如，无人机和便携式智能设备、综合管理信息系统。

在 IES 中应用的工业 4.0 技术包括：数字孪生、大数据、机器学习和区块链。

在能源领域实施 IED 可以实时控制和管理发电机组的状态、高压电网中的电力流动和配电网的能源损耗。能源领域中存在着许多电力设备，需要在 IED 中实现设备直接的信息交互，方便分析系统的协同效应。

智慧能源系统组件的管理系统确保系统各个组件可以在能源生产、运输、分配和消费等阶段协调工作，以较低的能源消耗实现目标。现有能源系统的缺点是网络采用分层控制结构，这可能会导致系统在生产、运输和分配能源的过程中产生冲突。

5.3.1　智能能源系统的组件

图 5.21 展示了 IES 组件之间信息的交互结构。

图 5.21　IES 组件之间信息的交互结构

IES 的组成及其信息交互如表 5.5 所示。

表 5.5　IES 的组成及其信息交互

IES 组件和它的目的	IEDs 组件	信息交互
能源生产系统 根据消费计划产生能量	测量涡轮部件和环境温度的数字传感器；空气湿度数字传感器；涡轮机运行数字传感器；监视和管理涡轮机运行的控制器	IES 软件和硬件综合管理系统之间的交互,以及数字基础设施与能源运输系统之间的交互
能源运输系统 通过高压输电线和供热网输送能量	检测结冰、输电线下垂、绝缘体击穿的数字传感器；无人机监测和网络状况诊断；数字视觉系统	能源运输系统中包含的 IES 软件和硬件管理系统之间的信息交互,以及数字基础设施与能源运输系统之间的交互
能源分配系统 用于城市或农村地区的电能和热能分配	自动化配电设备,用于检测结冰、输电线下垂、绝缘体击穿、管道破裂的数字传感器	能源分配系统中包含的 IES 软件和硬件控制综合体层面之间的交互,以及数字基础设施与能源运输系统之间的交互

续表

IES 组件和它的目的	IEDs 组件	信息交互
用户供电系统 用于人类居住场所以及社会和文化设施、工业厂房的供电和供热	用于监测网络开关设备触点的电压、短路、过热、管道压力的数字传感器；电表、热表、煤气表	提取有关系统状态、可用性和可控性的操作信息，以及预测短期、中期和长期的紧急情况
管理和通信系统 基础设施系统，旨在组织 IES 组件之间的信息交互，控制其操作模式	通信设备，包括主被动网络设备、有线和无线通信通道；管理能源生产、运输、分配和消费的软件和硬件系统	为 IES 组件的控制和管理提供信息交互服务
安全系统 基础设施系统，通过监测关键基础设施的状况，确保 IES 组件无事故运行	安全和火灾报警系统，自动灭火系统、烟雾/火灾探测器，玻璃破碎探测器，运动探测器，视频监控，软硬件信息安全系统	提供与关键基础设施和 IES 组件安全的信息交互

IES 的独特之处在于，它的基础设施由许多独立的组件组成，这些组件各司其职，但它们都专注于实现一个共同的目标，即为用户提供能源。系统组件对能源系统的运行效率和目标指标的实现有不同的影响。每个组件都有自己的业务流程、技术设备、设备的生命周期。因此，将 IES 建模为统一的系统是一项极其复杂和艰巨的任务。

任何复杂系统的包含特征之一为完整性，具体表现为系统的开放性。在扩展其功能或将其元素连接到新的数据流，可以提高实现目标的准确性并减少其资源消耗的规模。就 IES 而言，系统的目标旨在降低事故率、网络能源短缺和能源损失，以及提高用户能源供应的可靠性、连续性和安全性。

IES 由软件和硬件两个部分组成，能够收集、传输、处理和存储供电对象的信息。然而，如果将来自不同 IES 的数据整合到一个信息系统中，会出现系统运行不协调、网络流量过大、缺乏统一的信息交互标准等问题。

IES 中不允许组件之间产生竞争，这就导致每个组件会优先实现自己的目标，而不考虑系统总体的目标。为了防止这种情况发生，需要在系统中创立一个组织，定义每个组件的角色、通信渠道和权限，协调各个组件的运行，保证组件的运行结果向系统目标靠近。因此，建议将 IES 建模为一个多结构系统，系统中组件之间的交互是在考虑到能源的生产、运输、分配和消费等一系列过程中进行的。

5.3.2　IES 多结构系统

IES 多结构系统中的结构是根据许多功能组合成的对象，可以相互关联、相互作用。它们之间的关系在各种外部和内部因素的影响下随时间动态变化。IES多结构系统是开放的,具有与其他能源系统相互作用的特性。系统及其构成要素之间的相互作用类型取决于能源综合设备的技术和运作规则,而这些规则又由其系统目标决定。

多结构系统各要素指标的集合称为多结构指标体系,这也是度量系统的核心。度量系统的作用主要是对输入数据进行清理,使数据符合数字孪生系统中的格式。同时,建立多结构系统元素之间的双向连接,进行数据传输。

在IES多结构系统中,从物理环境中获取的数据通过通信信道传输到数字环境中。IES的数字环境是对物理环境的模拟,通过分析、合成和处理真实对象和环境状态的数据,进行预测和建模。

在建立IES组件的数字模型时,通常使用分解法。因此,IES多结构系统将由一组不同的数字模型组成,并由信息中心负责这些组件之间的信息流交互。

IES的基本组件主要包括如下六类。

(1)能源生产子系统,根据能源市场需求生产能源。

(2)能源运输了系统,负责能源从发电设施到配电点的可靠传输。

(3)能源分配子系统,确保用户不间断和有保障的电力供应。

(4)能源消费子系统,为人类生活系统提供电力支持。

(5)安全和监测子系统,保障供电设施能安全运行。

(6)控制和通信子系统,组织所有IES组件之间的通信,以便在紧急情况下协调各组件运行。

图5.22展示了物理环境中IES多结构系统的组件和它们在数字环境中的数字孪生系统之间的交互过程。

IES多结构系统中的交互过程能够解决系统中的不协调和冲突问题。在IES多结构系统中,能源的生产、运输、分配和消费过程具有较高的可观测性、可靠性和可控性。

IES多结构系统中的相互作用是基于一种不同于分层系统中消除其组件之间不协调和冲突行为的方法,这使得能源的生产、运输、分配和消费具有更高水平的可观测性、可靠性和可控性。

5.3.3 IES网络结构的管理

在能源公司的经营过程中,消费者能源供应的可靠性取决于能源生产和运输技术过程各个阶段的可观察性和可控性。IED在运行中各组件之间缺乏交互,需要借鉴IES组件的管理观念。

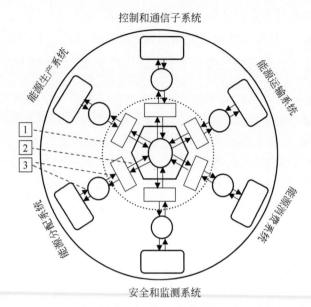

图 5.22　物理环境中 IES 多结构系统的组件和它们在数字环境中的数字孪生系统的交互过程

注：1 代表多结构系统物理和数字环境的区分边界；2、3 代表 IES 组件的双向连接

5.3.2 节介绍了基于 IES 多结构系统中的信息交互方法。IES 有一个协调中心来协调其各个子系统，并监测和分配资源，评估子系统间的协同效应。在介绍多结构 IES 组织方法之前，先介绍 IES 在能源生产、运输、分配和消耗过程中的管理理念。

图 5.23 显示了 IES 组件数字孪生的形成顺序，以及物理环境的真实对象与其在数字环境中的虚拟对象之间建立双向连接的顺序。

为了组织一个先进的 IES 管理系统，必须尽可能多地获得组件状态及其运行参数的原始信息。这些信息在能源的产生、运输、分配和消耗的过程中产生。同时，在 IES 的所有阶段，都有单独的 IED 过程，其中包含与系统其他组件进行信息交互所需的数据。为了分析来自 IED 的主要信息并实施分布式控制，需要将物理对象的数据转换到多结构系统的数字环境中。物理到虚拟世界的数据交互采用双向通信管理。

双向通信管理的特点是信号经过一个环形的结构，起点即是终点。多结构 IES 的通信管理是由多个组件组成的通信环结构。在这种情况下，迭代过程将持续进行，直到物理环境与虚拟环境中的参数达成一致，确保系统的正常运行。IES 数字孪生的数据交互过程如图 5.24 所示。

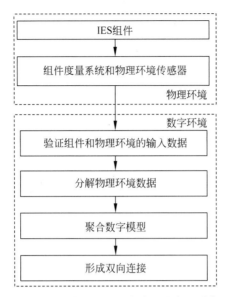

图 5.23 IES 组件数字孪生的形成顺序以及在真实和虚拟对象之间建立连接的顺序

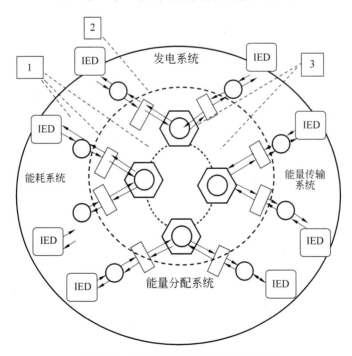

图 5.24 IES 数字孪生的数据交互过程

注：1 代表双向信息连接；2 代表多结构物理和数字环境的区分边界；3 代表多结构 IES 的主体

智能设备网络结构的管理是通过 IES 组件的数字孪生实现的。获得最优决策的过程是一个持续的过程，直到系统处于平衡状态。IES 的数字孪生是一个复杂的信息系统，它是结合人工智能、机器学习、大数据集群形成的数字模型。图 5.25 展示了物理环境中 IES 的组件与其在数字环境中的数字组件之间的交互顺序。

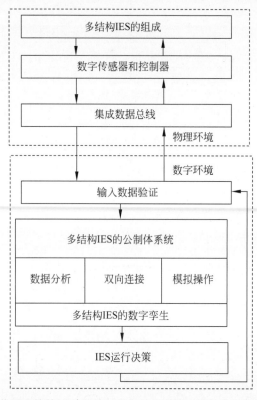

图 5.25　物理环境的 IES 组件与其在数字环境中的数字孪生的交互顺序

IES 使用集成总线从 IED 中收集数据，并在总线中进行信息整合。原始数据从物理环境到达数字环境之前，需要经过验证程序、消除噪声和异常数据。在数字环境中处理和分析数据。之后由数字孪生输出管理决策，并预测系统之后的运行状态。

5.4　智能家居多结构系统实例

智能家居包含多方面的内容，由许多不同物理特性、功能的组件构成。智能家居技术不仅可以让日常生活变得更轻松，还可以实现资源的最佳分配，减少能源消耗。本节将智能家居视为一个多结构系统,作为多结构体系统实现的另一个案例。

5.4.1 智能家居的组成部分及其相互作用

智能家居包括高科技硬件和软件、系统组件的控制系统和数据安全系统。在设计的初始阶段,智能家居多结构系统看起来很简单,但随着组件的增加,出现了许多来自动化应用程序的复杂任务,对多结构系统的可靠性提出了额外的要求。

智能家居通常是指将以下组件集成到楼宇管理系统中的系统。

(1)建筑物的智能供电系统,提供不间断电源,能够自动切换到替代电源。

(2)使用自然光提供最低能源消耗的照明系统。

(3)保证室内温度和湿度恒定的气候系统。

(4)安全和监控系统,监控关键基础设施确保组件的无故障运行。

(5)管理和通信系统,负责管理所有电器、机械设备,组织信息交互网络。

智能家居各组件之间信息交互的结构如图 5.26 所示。

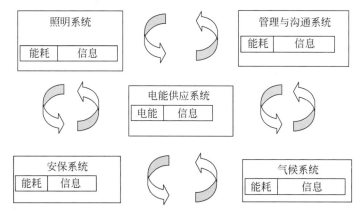

图 5.26 智能家居组件交互方案

每个组件都具有一定的属性(物理特性、能耗等)、功能用途(照明、供暖等)、能源消耗指标、管理效率等。为了管理这些组件,需要系统提供组件之间的信息交互方式。多结构内部各组件之间的信息交互以"能量与能量""信息与信息""能量与信息"和"信息与能量"的形式进行。智能家居的组件构成,以及能量与信息的交互过程如表 5.6 所示。

表5.6　智能家居的构成以及它们之间的信息交互

智能家居中的各个模块及其用途	组件中包含的设备	信息交互及功能
能源供应系统 为消费者提供可靠的电力供应	电源柜、备用电源、整流器、逆变器、电池、柴油发电机、电缆、电流和电压感知器、电表	为其他组件供能，以确保不间断供电 与能源系统交互能源的设备：热水锅炉、供水泵、火灾警报、通信、视频监控系统
照明系统 需要有效管理生活空间的照明	照明设备、运动传感器、光传感器、开关、调光器	使用集成在照明设备中的无线通信模块与监控和安全系统的组件进行信息交互
气候系统 需要在智能家居的房间内保持稳定气候	空调系统、送排风系统、电或水加热散热器、温度传感器、湿度传感器、漏水传感器、管道压力传感器、控制阀、水/气/热量表	与供电系统中的能源互动，用于中央供水供暖，自主供热 通过内置的无线通信模块和采暖通风空调技术设备的信息端口与监控和安全系统进行信息交互
安全和监控系统 需要确保智能家居各个组件无故障运行	安全和火灾报警系统、自动灭火系统、烟雾/火灾/气体探测器、开门器、玻璃破碎器、运动探测器、视频监控、服务器设备、数据集中器	与中央和自主供电系统进行能源交互 与多结构的所有组件进行信息交互，以整合有关系统状态、可用性和可控性的信息
管理和通信系统 提供智能家居设备的可控性，组织智能家居内外组件之间的信息交换	交换机、路由器、Wi-Fi路由器、ZigBee和LoraWan调制解调器、执行器、服务器设备	与中央和自主供电系统进行能源交互 与具有有线和无线通信模块的多结构所有组件进行信息交互，整合有关系统状态、可用性和可控性的信息

　　能源供应系统是智能家居中最主要的系统。该系统的关键特性是安全性、容错性、经济性和可控性。智能家居多结构的所有组件都包含电源开关，例如，安全和火灾警报、通信和视频监控系统以及技术设备。智能家居中的电线与一般电线的不同之处在于，其拥有额外的控制和管理电路，方便系统控制智能家居中的设备。

图 5.27 显示了物理环境中智能家居多结构组件与其在数字环境中的数字孪生之间的交互方案。方案中的智能家居多结构组件在能源和信息上相互连接，并与供电系统相连，可以通过有组织的通信渠道及时交换信息，生成对组件的控制信号。

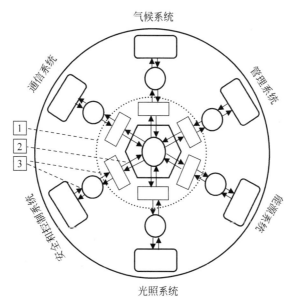

图 5.27 物理环境中智能家居多结构组件与其在数字环境中的数字孪生之间的交互方案

注：1 代表多结构物理和数字环境的分离边界；2、3 代表 IES 组件的双向连接信息交互

5.4.2 构建智能家居多结构的数字孪生

本章介绍创建智能家居多结构数字孪生的过程。图 5.28 展示了智能家居多结构系统数字孪生的数据流产生过程。

从图 5.28 可以看出，智能家居的数字孪生具有信息对象结构，这取决于其组件的分解方法，并在其系统的组合阶段确定。使用各种分解方法产生的多结构组件的信息对象在图 5.28 中标记为智能家居多结构数字孪生的投影。

多结构组件的一种分解方法可以形成数字孪生的多个投影。每个投影都描述了多结构组件的状态及其在物理环境交互期间对其他组件的影响。多结构的数字模型允许考虑多结构组件的相互影响。在多结构数字孪生的投影之间建立双向连接的过程称为模型版本的聚合，由此产生的信息模型称为具有双向连接的数字模型。

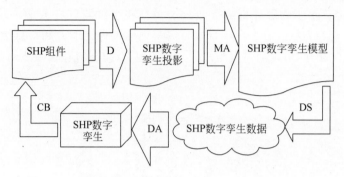

图 5.28　智能家居多结构系统数字孪生的数据流产生过程

智能家居多结构的数字化投影是在双向连接的多结构数字模型的基础上，通过填充一定的数据内容得到的，如组件的设计、功能的描述和交互模型等。用数据填充多结构的数字投影的特点是存在多结构的物理模型和功能模型的数据的集成。

智能家居的数字孪生是一个开放的动态系统，允许扩展智能家居的功能，并建立智能家居中组件与现实世界其他对象的连接。

图 5.29 展示了数字孪生的形成顺序以及物理环境的真实对象与数字环境中组件的数字孪生之间建立双向连接的顺序。

5.4.3　基于交互数字孪生的智能家居多结构管理系统

数字孪生在智能家居多结构管理系统中应用的特殊性在于它允许新的组件加入到系统当中。基于数字孪生的智能家居多结构管理系统的功能包括以下内容。

（1）验证来自多结构组件的信息数据流。

（2）合并通过不同分解方法获得的多结构数字孪生。

（3）实现智能家居组件的数字孪生之间的双向信息交互。

（4）多结构数字孪生的数据合成。

（5）聚合多结构数字孪生的数据模型。

（6）对多结构组件的操作模式进行模拟建模。

（7）分析智能家居组件的能源和信息连接。

（8）制定多结构组件的管理决策。

基于数字孪生的智能家居多结构管理功能图如图 5.30 所示。

在图 5.30 中，可以区分管理系统中包含的几个功能模块：输入数据的配置验

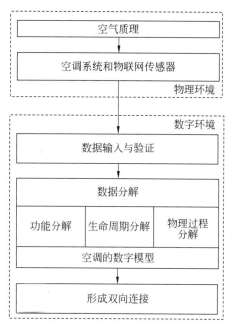

图 5.29　数字孪生的形成顺序以及真实和虚拟对象之间双向连接的建立

证模块、数据整合模块、信息互连模块、模拟模块、分析模块和决策模块。

智能家居多结构的数字孪生可用于多结构组件生命周期的所有阶段。例如，在设计阶段，可以创建所用组件的数字孪生模型，使用解决方案进行评估和选择，选择最合适的方案。

5.4.4　基于数字孪生技术的智能家居气候管理系统的实施

本节将以大学里的一个教室作为例子，在其中实施智能家居的气候管理系统。该教室能够容纳 30 名学生和教职员工，由多功能教室、更衣室、餐厅和心理疏导室组成。房间平面图如图 5.31 所示。

教室配备了现代空调、通风和暖气设备。在设计教室的气候系统时，计算了房间内的空气交换量、工程系统的热负荷，考虑了节能、噪声控制和防火措施。在对空调、通风和供暖设备进行调整时，并没有考虑设备间的影响。这是因为不同时间可能会有不同数量的学生、运行的设备（计算机、显示器等），无法确定一个固定的参数。表 5.7 列出了教室的气候系统中包含的设备及其参数。

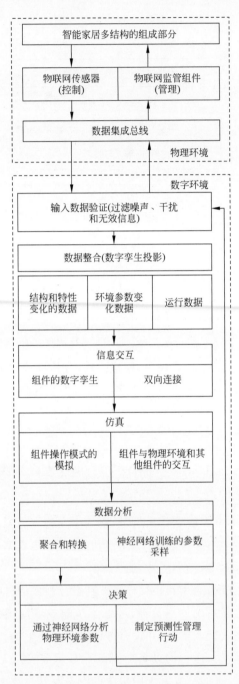

图 5.30　基于数字孪生的智能家居多结构管理功能图

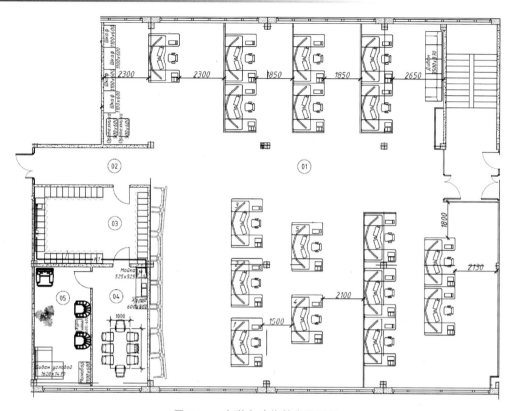

图 5.31　大学多功能教室平面图

注：01 表示多功能教室，02 表示走廊，03 表示更衣室，04 表示餐厅，05 表示心理疏导室

表 5.7　教室气候系统设备清单

智能家居系统的 名称及其用途	智能家居子系统 名称及用途	智能家居设备名称及参数
空调、通风和供暖系统 维护智能家居的室内气候	① 空调子系统（保持房间内设定的温度和湿度）。 ② 送排风换气子系统（维持室内空气成分）。 ③ 采暖子系统（保持室内设定的温度）	① 空调系统，由房间地板下天花板的通道，以及餐厅和心理疏导室的两台壁挂式空调组成。空调系统负责收集调节温度、湿度和空气质量的参数，如气流速率、空气中的 O_2/CO_2 浓度。系统重点关注空气流量（$m^3 \cdot h^{-1}$）以及输出功率（kW）。 ② 送风排风系统，包括在房间的天花板中具有热回收功能的送风和排风系统。供气和排气系统配有带执行器的控制风门、换热器、电加热器、冷却器、过滤器、风扇和消声器。

续表

智能家居系统的名称及其用途	智能家居子系统名称及用途	智能家居设备名称及参数
		通风系统配置能够调节空气温度、湿度和空气质量参数，例如，气流速率、空气中的 O_2/CO_2 浓度。系统重点关注空气流量（$m^3 \cdot h^{-1}$）以及功率输出（kW）。 ③ 双管水加热系统，由 32 个恒温阀和双金属散热器组成。 配备供暖系统，可调节教室的温度和湿度，一般在冬季使用。系统将关注其功率输出（kW）。

智能家居的气候系统中的设备可以调节温度、湿度、气流速率和空气中 CO_2 浓度。然而，由于缺乏协调中心，无法从全局调整室内气候，可能导致设备运行不协调，增加能源消耗。为了避免这种情况，在设备部署完毕后，还需要执行以下步骤。

（1）分析和构建当前房间的环境指标。

（2）根据指标对室内气候的影响程度对指标进行排名。

（3）制定一套解决问题的备选方案。

（4）选择管理系统的软件和技术方法，以便对物理环境进行监测，并对控制设备执行操作。

为了评估智能家居气候系统的管理效果，需要对其功能进行评估。首先收集智能家居气候系统在运行时各个设备产生的数据，送入系统的目标树进行评估，目标树的结构如图 5.32 所示。目标树的第一层是维持房间舒适。目标树的第二层由三个分支组成，包括维持温度、湿度以及室内空气中的 CO_2 浓度。目标树的第三层为系统输入属性的指标，包含规范（NL）、警告（WL）和紧急（EL）三个级别。

为了衡量来自物联网设备和远程传感器的数据，需要建立度量系统。系统必须能够接收、处理和存储信息，以做出决策。度量系统的结果与形成的目标树相对应。度量系统的功能包括以下内容。

（1）通过有线和无线通信渠道接收房间空气中的温度、湿度和 CO_2 浓度信息。

（2）清除不可靠数据和冗余数据。

（3）监测当前环境状态是否符合要求。

（4）存储环境状态的信息。

为了构建智能家居气候系统的预测系统，通常会用到人工神经网络。预测系

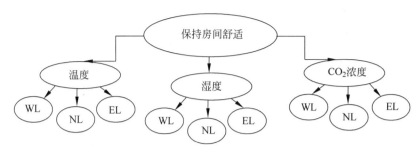

图 5.32　智能家居气候系统的目标树

注：WL 为警告级别，NL 为规范级别，EL 为紧急级别

统在神经网络训练阶段适应系统数据，提高了控制过程的准确性。

本章收集了设备运行中产生的 500 条数据作为训练样本，选取了空气中温度、湿度和 CO_2 浓度作为训练特征，特征的取值范围为：温度 $18\sim29℃$，湿度 $20\%\sim80\%$，CO_2 浓度 $0.01\%\sim3\%$。网络训练完成后，随机抽取训练样本中 15% 的数据作为测试样本，来验证网络的预测精度。

另外，实验使用 FuzzyLogica 工具包对神经网络结构进行了可视化展示，如图 5.33 所示。网络使用一阶 Sugeno 算法，采用多层感知器处理房间空气中的温度、湿度和 CO_2 浓度，规则由线性依赖关系描述。

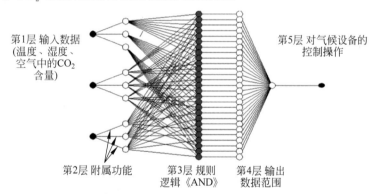

图 5.33　用于室内气候预测的神经网络结构

从图 5.33 可以看出，神经网络由 5 层组成，每层解决一个具体问题。第一层负责网络的输入，在本案例中输入参数是房间空气中的温度、湿度和 CO_2 浓度。第二层为附属功能，本案例中用于构建输入参数的模糊集。第三层根据逻辑“与”的规则，将模糊数据分配到位于第四层的 27 组输出参数中。第四层包括所有样本的输出数据，根据神经网络的输出条件对结果进行处理。结果汇总到第五层输出。

下面来具体讲述每一层的任务和运行结果。

第一层接收空气中的温度、湿度和 CO_2 浓度数据,这些数据是从房间的传感器得到的。在网络的训练过程中,训练样本取自原始数据,从中提取训练网络所需要的特征(温度、湿度和 CO_2 浓度)。

第二层使用成员函数,将输入特征划分到不同的模糊集中。输入数据和模糊集之间的匹配过程如图 5.34 所示。

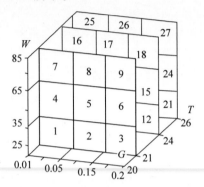

图 5.34　输入数据和模糊集之间的匹配过程

温度和湿度的模糊集定义如图 5.35 和图 5.36 所示。

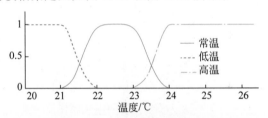

图 5.35　室内温度模糊集定义

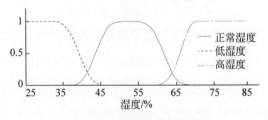

图 5.36　室内湿度模糊集定义

根据图 5.35 和图 5.36 中的模糊集定义,温度和湿度的计算公式如式(5.1)～式(5.6)所示。

$$\mu t1(T) = \begin{cases} e^{-(T-22.5)^4}, & 21 < T < 24 \\ 0, & T \leqslant 21, T \geqslant 24 \end{cases} \quad \text{（常温）} \quad (5.1)$$

$$\mu t2(T) = \begin{cases} 1, & 18 \leqslant T \leqslant 21 \\ e^{-(\frac{T-21}{0.5})^2}, & 21 < T < 22 \\ 0, & T \geqslant 22 \end{cases} \quad \text{（低温）} \quad (5.2)$$

$$\mu t3(T) = \begin{cases} 1, & T > 24 \\ e^{-(\frac{T-24}{0.5})^2}, & 23 < T < 24 \\ 0, & T < 23 \end{cases} \quad \text{（高温）} \quad (5.3)$$

$$\mu w1(W) = \begin{cases} e^{-(W-22.5)^4}, & 35 < W < 70 \\ 0, & W \leqslant 35, W \geqslant 70 \end{cases} \quad \text{（正常湿度）} \quad (5.4)$$

$$\mu w2(W) = \begin{cases} 1, & W \leqslant 35 \\ e^{-(\frac{W-35}{2})^4}, & 35 < W < 45 \\ 0, & W \geqslant 45 \end{cases} \quad \text{（低湿度）} \quad (5.5)$$

$$\mu w3(W) = \begin{cases} 1, & W > 70 \\ e^{-(W-70)^2}, & 60 < W < 70 \\ 0, & W \leqslant 60 \end{cases} \quad \text{（高湿度）} \quad (5.6)$$

CO_2 浓度的模糊集定义如图 5.37 所示。

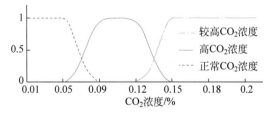

图 5.37 CO_2 浓度模糊集定义

CO_2 浓度的计算公式如式(5.7)~式(5.9)所示。

$$\mu c1(C) = \begin{cases} e^{-(\frac{C-0.105}{2})^4}, & 0.05 < C < 0.15 \\ 0, & C \leqslant 0.05, C \geqslant 0.15 \end{cases} \quad \text{（较高 } CO_2 \text{ 浓度）} \quad (5.7)$$

$$\mu c2(C) = \begin{cases} 1, & C \leqslant 0.05 \\ e^{-\left(\frac{C-0.05}{2}\right)^4}, & 0.05 < C < 0.09 \quad (\text{高 } CO_2 \text{ 浓度}) \\ 0, & C \geqslant 0.09 \end{cases} \quad (5.8)$$

$$\mu c3(C) = \begin{cases} 1, & C > 0.15 \\ e^{-(C-0.15)^2}, & 0.12 < C < 0.15 \quad (\text{正常 } CO_2 \text{ 浓度}) \\ 0, & C \leqslant 0.12 \end{cases} \quad (5.9)$$

神经网络使用高斯函数作为成员函数，其中心和变化 σ 的计算公式如式(5.10)所示。

$$\mu(x) = \exp\left[-\left(\frac{x-c}{\sigma}\right)^{2b}\right] \quad (5.10)$$

由温度、湿度和 CO_2 浓度组成的参数集被分为 27 组，并为每组输入模糊集设定输出参数的变化范围。

第三层首先建立一个训练集。在建立输入与输出的匹配规则之前，需要先考虑控制设备运行模式之间的联系：如输出功率、空气流速与房间空气中的温度、湿度和 CO_2 浓度等参数之间的联系。这就需要收集设备正常运行时的数据范围，以便在保持空气质量的同时维持房间的正常温度。

表 5.8 总结了在温度、湿度和 CO_2 浓度特征在空调不同的运行模式中的推荐值。接下来，将以空调作为主体对神经网络进行描述。

表 5.8　房间的环境参数对空调运行模式的建议

编号	房间的环境参数			空调运行模式（建议值）		
	温度 T	湿度 W	CO_2 浓度 G	输出功率（夏季）/kW	输出功率（冬季）/kW	气流速度 /$m^3 \cdot h^{-1}$
1	T_1	W_1	G_1	0.5～1	7～8	1900～2150
2	T_1	W_1	G_2	1～1.5	8～9	2150～2350
3	T_1	W_1	G_3	1.5～2	9～10	2350～2650
4	T_1	W_2	G_1	2.5～3.5	9.5～11	2150～2350
5	T_1	W_2	G_2	3.5～4	11～12	2350～2650
6	T_1	W_2	G_3	4～5	12～13	2650～2900
7	T_1	W_3	G_1	1～1.5	10.5～12	2350～2650
8	T_1	W_3	G_2	1.5～2	12～13	2650～2900
9	T_1	W_3	G_3	2～2.5	13～14	2900～3100
10	T_2	W_1	G_1	2～4	1～3	1600～1800
11	T_2	W_1	G_2	4～6.5	3～5	1800～2000

续表

编号	房间的环境参数			空调运行模式（建议值）		
	温度 T	湿度 W	CO_2 浓度 G	输出功率（夏季）/kW	输出功率（冬季）/kW	气流速度 /m³·h⁻¹
12	T_2	W_1	G_3	6.5～8	5～8	2000～2200
13	T_2	W_2	G_1	2～4	2～4	1800～2000
14	T_2	W_2	G_2	4～6	4～6	2000～2200
15	T_2	W_2	G_3	6～9	6～9	2200～2400
16	T_2	W_3	G_1	3～5	3～5	2300～2500
17	T_2	W_3	G_2	5～8	5～8	2500～2700
18	T_2	W_3	G_3	8～11	8～11	2700～2900
19	T_3	W_1	G_1	7～8	0.5～1	1700～1800
20	T_3	W_1	G_2	8～9	1～1.5	1800～1900
21	T_3	W_1	G_3	9～10	1.5～2	1900～2000
22	T_3	W_2	G_1	9.5～11	2.5～3.5	1800～1900
23	T_3	W_2	G_2	11～12	3.5～4	1900～2000
24	T_3	W_2	G_3	12～13	4～5	2000～2100
25	T_3	W_3	G_1	10.5～12	1～1.5	1500～1600
26	T_3	W_3	G_2	12～13	1.5～2	1600～1700
27	T_3	W_3	G_3	13～14	2～2.5	1700～1800

在逻辑规则的帮助下，房间环境的输入特征和输出特征之间的对应关系如式(5.11)所示。

$$\text{if } T \in T_i, \quad W \in W_j \text{ and } G \in G_z, \quad \text{then } P \text{ is } P_s, \quad Q \text{ is } Q_r \quad (5.11)$$

T_i 代表温度参数的模糊集。

W_j 代表湿度参数的模糊集。

G_z 代表对 CO_2 浓度参数的模糊集。

P_s 代表对输出功率参数的模糊集。

Q_r 代表空气流量参数的模糊集。

T、W、G、P、Q 分别代表温度、湿度、CO_2 浓度、输出功率和空气流量的值。

神经网络的运行结果如图 5.38 所示。从图 5.38 可以看出，每次测量环境的状态时，其温度、湿度和 CO_2 浓度都是不确定的，根据成员函数将参数分配到 27 个组中的一个，然后分配到逻辑上对应的输出参数组中。

因此，对于一定范围的物理环境参数，构建了输入参数的范围(见图 5.39)。

第四层建立了环境参数与设备操纵之间的对应关系，即将输入与设备需要执

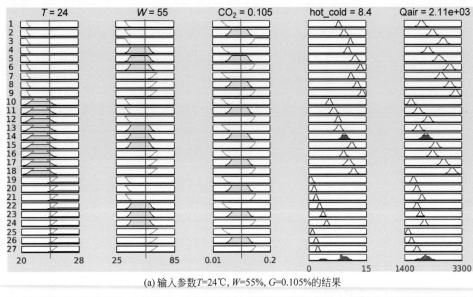

(a) 输入参数 T=24℃, W=55%, G=0.105% 的结果

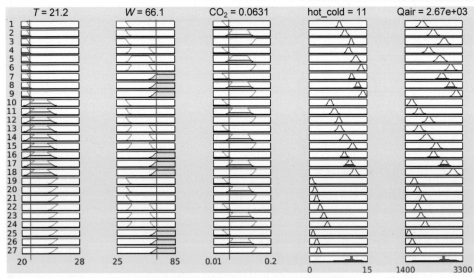

(b) 输入参数 T=21.2℃, W=66.1%, G=0.063% 的结果

图 5.38　神经网络的运行结果

行的操作进行关联。

　　使用测试样本对网络性能进行了评估。测试样本包括 150 条数据，是训练样本的 30%。神经网络获得的结果与实际结果的比较如图 5.40 所示。

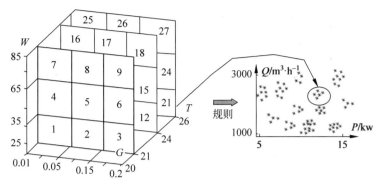

图 5.39 神经网络参数范围的形成

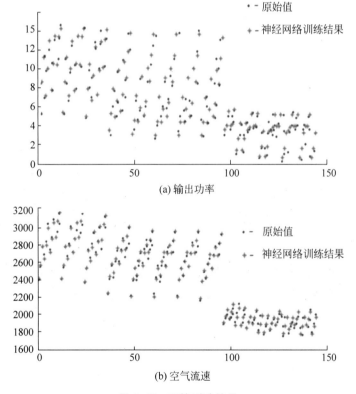

(a) 输出功率

(b) 空气流速

图 5.40 环境测试结果

从网络测试的结果可以看出,它们与真实的数据有偏差,但是差距很小。空气流量的绝对值偏差不超过 3m/h,输出功率的偏差不超过 0.5kW。因此,该网络的可靠性为 95%~96%。实验表明,与经典的神经网络结构相比,使用混合神经网络更具优势。混合网络在执行过程中激活一个局部神经网络，解决一个单一的任务，而经典网络则激活整个网络。因此，与经典网络相比，混合网络的运行速度明显较快，但网络的准确性并无明显差异。混合网络的另一个优势是灵活的再训练系统。当重新训练一个网络时，只需调整一个或多个局部神经网络的操作，而对于经典网络来说，必须重建整个架构。

此外，使用可视化工具展示了温度、湿度和 CO_2 浓度三个特征对室内环境的影响，如图 5.41～图 5.43 所示。

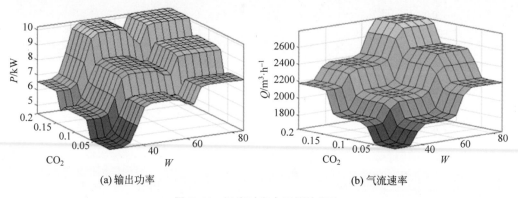

(a) 输出功率　　　　　　　　　　　　(b) 气流速率

图 5.41　温度对室内环境的影响

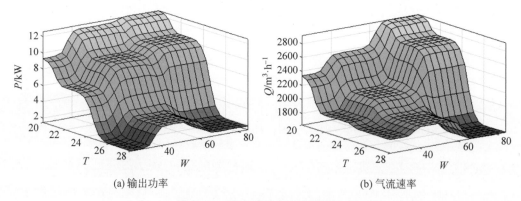

(a) 输出功率　　　　　　　　　　　　(b) 气流速率

图 5.42　湿度对室内环境的影响

当物理环境为低温、高湿度和高 CO_2 浓度时，应使用设备的最大功率运行模式。而在正常的温度和湿度条件下，以及 CO_2 浓度较低时，可以使用设备的节能模式。基于模糊逻辑的神经网络实现了控制设备的平稳变化，比使用阶梯式调节要好得多。神经网络能够根据环境特点，使用不同的气候控制设备，以保持室内环境的舒适，并使能耗最少。

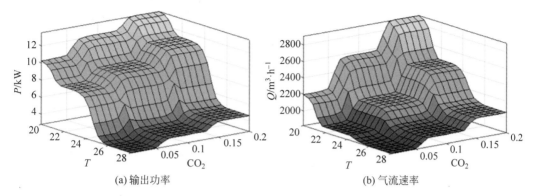

图 5.43　CO_2 浓度对室内环境的影响

5.4.5　神经网络在智能家居气候管理中的应用

本节先探讨大学教室的环境在使用期间的环境变化。温度、湿度和 CO_2 浓度等参数由物联网传感器测量,使用期间的环境参数的变化如图 5.44 所示。

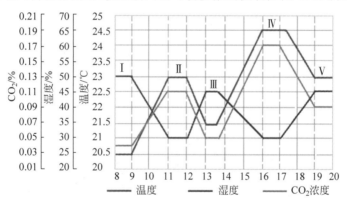

图 5.44　房间内物理环境参数变化

在得到的图表中,可以将 8～20 小时中的数据分为五个部分。接下来以第Ⅱ部分为例,计算其输出功率和空气流速。

在第Ⅱ部分,房间的温度为 23℃,湿度为 30%,CO_2 浓度为 0.11%。通过分析物理环境的输入值,系统将其状态按温度分类到了第二类。而按湿度归入第一类,将 CO_2 浓度归入第二类。温度、湿度和 CO_2 浓度的值在描述温度的第二类、湿度的第一类和 CO_2 浓度的第二类的模糊集中有一个逻辑单元。耗电量的逻辑规则矩阵如式(5.12)所示。

$$\begin{bmatrix} 0 \\ 0 \\ 0 \\ 1 \\ 1 \\ 1 \\ 0 \\ 0 \\ 0 \end{bmatrix} \times \begin{bmatrix} 1 \\ 0 \\ 0 \\ 1 \\ 0 \\ 0 \\ 0 \\ 1 \\ 0 \end{bmatrix} \times \begin{bmatrix} 1 \\ 1 \\ 1 \\ 1 \\ 1 \\ 1 \\ 1 \\ 1 \\ 1 \end{bmatrix} = \begin{bmatrix} 0 \\ 0 \\ 0 \\ 1 \\ 0 \\ 0 \\ 0 \\ 0 \\ 0 \end{bmatrix} \rightarrow 1 \times 6.5 = 6.5\,\mathrm{kW} \qquad (5.12)$$

对室内空气流速进行同样的计算，如式(5.13)所示。

$$\begin{bmatrix} 0 \\ 0 \\ 0 \\ 1 \\ 1 \\ 1 \\ 0 \\ 0 \\ 0 \end{bmatrix} \times \begin{bmatrix} 1 \\ 0 \\ 0 \\ 1 \\ 0 \\ 0 \\ 0 \\ 1 \\ 0 \end{bmatrix} \times \begin{bmatrix} 1 \\ 1 \\ 1 \\ 1 \\ 1 \\ 1 \\ 1 \\ 1 \\ 1 \end{bmatrix} = \begin{bmatrix} 0 \\ 0 \\ 0 \\ 1 \\ 0 \\ 0 \\ 0 \\ 0 \\ 0 \end{bmatrix} \rightarrow 1 \times 1880 = 1880\,\mathrm{m^3/h} \qquad (5.13)$$

因此，若房间处于第 Ⅱ 部分，即温度 23℃、湿度 30％和 CO_2 浓度 0.11％，空调的推荐运行模式将处于：输出功率 6.5kW，空气流速 1880$\mathrm{m^3/h}$。

对五个时间阶段分别进行计算，得到不同时间段内空调的推荐运行模式结果（见表 5.9）。

表 5.9　混合神经网络的计算结果

ID	房间的物理环境参数			普遍推荐的空调运行模式		
	温度 T	湿度 W	CO_2 浓度 G	输出功率（夏季）/kW	输出功率（冬季）/kW	空气流速 /$\mathrm{m^3 \cdot h^{-1}}$
Ⅰ	20.5	50	0.04	2.5	9.9	2160
Ⅱ	23	30	0.11	6.5	6.5	1880
Ⅲ	21.5	45	0.05	8.25	8.25	1930
Ⅳ	24.5	30	0.17	4.37	3.8	2100
Ⅴ	23	45	0.09	9.35	9.35	2120

智能家居气候系统的每个设备都有对应的数字模型,用于在真实物体、物理环境、物联网设备及其虚拟模拟之间建立联系。系统为每个虚拟设备开发了一个神经网络,以便监测物理环境参数,调节设备的执行。真实设备、数字模型、控制系统的互动是通过一个协调中心实现的。

在实际实施时,管理系统由实时测量空气中温度、湿度和 CO_2 浓度的工业物联网传感器组成。例如,SCG100 是空气中 CO_2 浓度的工业传感器,SHT100 是湿度和空气温度的工业传感器(见图 5.45)。获得的信息被记录在控制器的神经网络中,控制器将控制命令传送到控制设备或物联网控制器的数模转换器,改变工作模式。

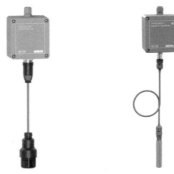

(a) CO_2 浓度传感器　　　　(b) 温度和湿度传感器SHT100

图 5.45　传感器示意图

本章提出的智能家居气候管理系统有很多技术优势。首先,统一的数字环境可以解决智能家居组件因数据格式不同而无法正常工作的问题。其次,统一的协调中心提供了多结构系统各组件之间的信息交互,也通过搜索组件之间的双向联系解决了在数据之间建立隐性连接的问题。

基于交互式数字孪生的管理系统的技术优势节省了操作时间,降低了管理服务器的负载,从而降低了实施该系统的成本。此外,双向连接还避免了多结构的组件在一起工作时的过度能量消耗。数字环境为管理系统的神经网络生成的训练和测试集。最终实现基于交互式数字孪生的管理系统,并节省能耗。

小　结

数字孪生技术是复杂系统控制组织中的关键技术。虽然数字孪生最初用于科学密集型系统,但现在各个领域的自动控制中都广泛应用数字孪生。本章提出的多结构系统可以作为交互式数字孪生及其组件控制系统的初始版本。

新理论的提出需要有足够高的抽象水平，能够在各个领域中应用。本章提出的系统理论的主要优点在于管理系统是开放的，意味着可以对其进行改进、扩展其功能并与其他系统互动。

为了让读者更好地理解理论材料，本章将多结构系统理论知识与实际应用结合，介绍了如何将互动式数字孪生应用于能源行业。同时，以教室为例子，讲述了如何构建智能家居的气候管理系统。希望读者们在实践活动中能够开发出属于自己的多结构系统，并将其作为改善生活的工具，将人们从繁杂重复的操作中解放出来。希望在不久的将来，数字孪生会像使用计算机那样普遍。

第6章 流程工业的数字孪生

流程工业,是指对液体或气体工业原料的储存、运输和加工的过程。这类工业过程中的常见部件包括用于储存和加工原材料的罐状容器、连接容器的管道以及控制容器之间材料移动的阀门和泵。值得注意的是,流程工业的原材料,如石油,其具有流体的性质,形状是不固定的,这便是流程工业和制造工业的主要区别。在制造工业中,需要进行固体原料的取放等操作。然而,由于没有固体原料,这类操作在流程工业中不会出现。流程工业通过管道来控制原材料的加工。控制流程工业执行的关键组件是测量器、控制器、设定点和执行器。在讨论流程工业的数字孪生之前,有必要介绍其基本概念,如流程设备、物理流程的模型、仪器和控制系统。

6.1 流程工业的基本概念

6.1.1 一个实例:实验室用水的处理过程

对液态水的处理是最简单的流程工业项目。图 6.1 显示了一个用于加热、加压和循环水的实验室设备。它是由 Jukka Peltola 在阿尔托大学时为了研究流程工业并进行教育而开发的。本章将以该设备为模板,为读者介绍在流程工业过程中遇到的各种关键概念和技术。这将是之后理解流程工业的数字孪生的知识基础。

该水处理过程,包括三个开放的水箱、一个加热元件、一个压力容器、两个泵以及用于水箱之间循环的阀门。

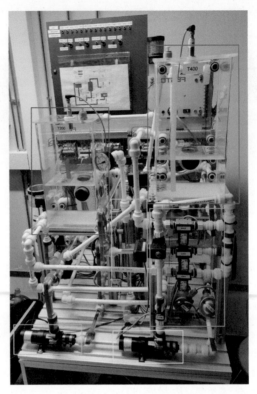

图 6.1   阿尔托大学用于加热、加压和循环水的实验室设备

6.1.2   管道和仪表图

图 6.2 显示了图 6.1 中工艺管道和仪表图的示例结构（Piping & Instrumentation Diagram，P&ID），设备采用不同颜色的矩形进行标记，以便进行区分。通过比较这两张图，可以看出管道和仪表图只包括部分管道，即构成主循环的管道。在执行启动、关闭、清洁和维护时，还需要一些额外的管道，但这些管道在图 6.2 中没有展示出来。管道和仪表图是建立流程工业数字孪生的重要组成部分，它引出了一个重要问题：流程中的哪些管道应该被建模？其答案取决于数字孪生的用途。这也说明了在进行数字孪生项目开发之前确定项目需求的重要性。

图 6.2 中管道和仪表图中的元素如下。

（1）容器。包括常压罐 TK100、TK200 和 TK200。这些容器附有盖子，但不是水密的，要小心溢出，因此不能将水箱加压到 1bar 以上。TK100 包含一个由电力驱动的加热元件 E100。

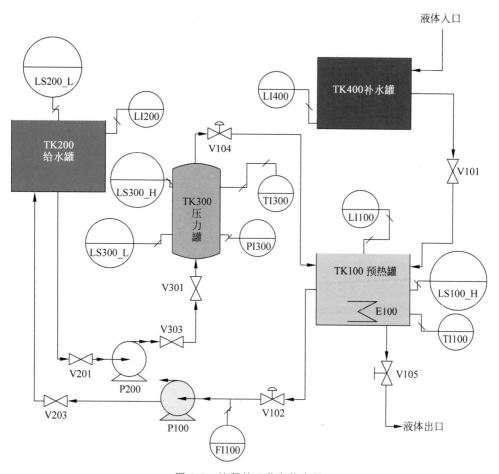

图 6.2 流程的工艺和仪表图

（2）压力容器 TK300。其罐顶有一个出口喷嘴。正常操作时，水箱充满水后由进口管道中的泵 P200 进行加压。阻力由出口管道中的控制阀 V104 提供。

（3）阀门。图 6.2 中有 3 种类型的阀门符号。

（4）手动控制阀门 V105，用于液体排出。

（5）自动控制阀。如 V102，可以接收控制系统的模拟信号并进行调整。

（6）自动二元阀。如 V203，只能接收控制系统的二元（开/关）信号来完全打开或关闭。

管道内的泵 P100 从 TK100 到 TK200，以及泵 P200 从 TK200 到 TK300，这

些泵都能通过控制系统的模拟信号进行控制。

图 6.2 中的传感器，其名称代码都有意义。温度、压力、液位和流量传感器分别用首字母 T、P、L 和 F 表示。若第二个字母是 I 或 S,分别代表示数或开关。例如,LI 表示确定水箱的容量示数传感器,用水箱顶部的模拟超声波传感器测量到表面的距离来实现。本系统中与液位有关的开关传感器均为二进制传感器,当表面水平低于或高于预定的阈值时,它们就会启动。后缀_H 表示高液位阈值传感器,_L 表示低液位阈值传感器。

6.1.3 流程工业的核心：控制回路

基于图 6.2,可以定义在正常操作下构成流程自动化的控制逻辑。若控制回路中的控制器采用二进制执行器,如二进制阀门或加热元件,它就是离散的;若采用模拟执行器,如泵或比例阀,它就是连续的。在这两种情况下,控制回路的目的是保持传感器的测量值接近操作者的设定值。测量值和设定值之间的差值,称为误差。将误差作为控制器的输入,继而使控制器计算出对执行器的控制信号。表 6.1 规定了控制回路的一些指令。例如,TK100 的液位是通过打开和关闭TK400 和 TK100 之间管线上的二元阀来控制的。若回路的名称包含字母 C,则该设备的控制是基于测量器的(即图 6.2 中的 LIC100)。值得注意的是,有两个控制回路参与控制 TK200 的液面高度。LIC200 的输出并没有传达给执行器,而是作为流量控制回路 FIC200 的设定点,控制进入 TK200 的流量。这种现象被称为级联控制,当内环控制一个比外环更快的变化量(这里指的是管道中的流量)时,可以采用这种控制方式。

表 6.1　控制回路指令表

控制回路	测量器	控制器	执行器
LIC100：TK100 表面水平	LI100	二进制	V101
FIC100：通往 TK200 的管道中的流量控制	FI100	连续的	V102
LIC200：TK200 表面水平	LI200	连续的	FIC100
TIC100：罐子的温度 TK100	TI100	二进制	E100
PIC300：容器的压力 TK300	PI300	连续的	P200

若涉及批量生产,则产品由成批的离散产品组成。例如,在造纸过程中,纸浆被连续加工成一卷卷的纸。在食品和饮料生产过程中,最终产品被包装成离散的单元,如罐子、纸箱、瓶子或瓶子。工厂在进行此类产品的生产时,有时只有在收到客户订单时才开始生产,有时采用按库存生产的方式,这就涉及生产决策。生产设施的调度涉及复杂的决策,需要考虑供应链和业务等各个方面。为了实现这一点,

批处理需要在控制回路之中创建多个排序序列。调度功能根据供应链的状态以及现有和预期的客户订单来选择序列。ISA S88 标准定义了用于指定序列排序的程序功能图(Procedure Function Chart,PFC)。

6.1.4 建立物理流程的模拟模型

在介绍控制回路,了解了物理流程的主要功能后,可以开始讨论物理流程的建模了。从根本上来讲建模方法有两种:稳态和动态。前者不考虑时间因素,因此不对控制回路进行建模。而后者考虑时间因素。对于研究者来说,基于瞬态的反应研究更有意义,如控制回路设定点的变化、二元执行器的运行或流程部件的各种故障。

稳态建模有利于改造和设计新工厂,减少运营成本、能源消耗、二氧化碳排放、淡水消耗和环境污染。如何才可以被认为是稳态的数字孪生?这是一个开放的问题。Sierla 的团队以图 6.1 中的过程作为案例研究,提出了一种数字孪生的路线图,在该路线图中,涉及一种基于历史测量数据来控制数字孪生同步的技术。

由于数字孪生涉及与物理流程的实时连接,所以这种情况下的建模方法是动态的。在本案例流程中,这个任务被简化了,因为管道和容器中的唯一物质是液态水。水的压力和温度在所有容器和管道中都很重要。管道中的流量和容器中的表面水位是系统感兴趣的数据。为了捕捉这些数值是如何随时间变化,以及它们是如何被执行器影响的,需用热液解算器建立一个模拟模型。容器的尺寸、管道的内径和管道的路由是建立热液模型的基本信息,但这些信息是无法从管道或仪表图中获得的。特别是管道内的压力损失,它是模型的关键参数。为了计算它们,需要管道起点与终点的喷嘴高度、管道内径、管道中弯管(称为弯头)的数量和角度以及管道在两个管道分支的交界处(称为三通)的详细信息。Mart 的团队对压力损失的计算进行了详细解释,并将其应用于图 6.1 的流程。

除了基于物理学的流程建模方法外,还可以应用黑箱方法和机器学习模型来确定流程工业或其子流程的投入产出关系。由于数字孪生这一术语具有一定的营销价值,部分这样的工业产品被打上了数字孪生的标签。然而,只有当流程在与黑盒模型收集数据时处于相同的条件下运行时,数字孪生才是有效的。这与使用数字孪生来确保流程的理想运行目标相悖,特别是在系统出现异常的情况下。因此,本书坚持使用 NASA 对数字孪生的原始定义,使用尽可能合适的物理模型。

6.1.5 获取物理流程建模的工程设计源信息

建立一个准确的流程工业的数字孪生需要获取管道和仪表图在设计时的源工

程信息。在这一点上，本章讨论了这些信息的性质及其对流程工业的可用性。由于老工厂大部分已经经营了几十年，源工程信息很难获取，较新的工厂将是应用数字孪生应用的重点。获得所需的工程设计的源信息有几种方法，取决于工厂的可用信息。

最新版本的三维工艺CAD(计算机辅助设计)工具能够以开放、标准和机器可读的格式导出管道信息，特别是用于三维等值线的管道组件文件（Piping Component File，PCF）。得到了三维工艺CAD工具供应商的支持，Sierla的团队为图6.1中的工艺开发了一个能够解析这种文件的应用程序。该工具能够提取弯头、三通和喷嘴的高度，从而获得用于计算这些管道的压力损失的所需信息。不幸的是，在撰写本章时，管道组件文件只能由最新版本的CAD工具导出，因此只能用于新建成或最近投入使用的工厂。

一个已经运行多年的老工厂可能没有任何三维CAD模型，或者它的格式较古老，无法从中获取机器可读的文件，如管道组件文件。为这样的工厂构建一个高保真的数字孪生十分费力，需要较高的成本。Mart的团队测量了图6.1中工艺部件的尺寸，并反向设计了三维CAD模型。

对老工厂来说，通过激光扫描技术构建工业设施的数字模型是一种可行的方法。这种方法的挑战在于如何从扫描的原始点云数据中自动提取设备的组件。但是，工厂设计时的CAD模型描述的是工厂在建设初期的状态，而点云捕捉的是工厂的现况。对一个多年来进行过数次改造的老工厂来说，两者可能存在很大差别。从开发数字孪生的目的来讲，更倾向于获取工厂当前的数据。因为工厂的数字孪生应该与当前流程，而非其他任何历史上的流程进行实时同步。

6.1.6　操作的异常处理

流程控制系统除了运行控制回路外，还必须拥有检测和应对意外或潜在危险的能力。警报的触发是由传感器决定的。可以配置传感器的上限和下限，当测量值高于上限或低于下限时，就会触发警报。例如，在图6.2中，LS100_H设置一个高位上限。虽然它与来自模拟传感器LI100的高位报警相邻，且两者功能类似，但这种设置可以提高系统的安全系数，避免由于LI100失效而无法检测到液体溢出。

一种可以确保流程工业能完全检测设备故障的控制回路是很难实现的。为此，需要实施互锁和安全。这两者都涉及同一种逻辑：根据一个或多个测量值，来确定流程是否已经进入一个潜在的不安全状态。然后，该逻辑将操作控制系统及其控制回路，以驱动该设备进入安全状态。互锁的设计是为了保护流程设备，而安全功能的设计是为了避免操作员遭受危险事件。因此，尽管它们有相似之处，但安全功能对流程实施的可靠性有着更严格的要求,而这又取决于危险的等级。本章介绍的实验环境流程只实施了互锁,相关设置见表6.2。

表6.2　图6.2中的互锁装置

锁的作用	引发原因	效　果
防止 TK100 的溢出	LI100 高警报或 LS100_H 开启	从进水流中关闭阀门。V101 和 V104
防止加热器 E100 因干燥操作而损坏	LI100 低警报	关掉加热器 E100
用 P100 防止对关闭的阀门进行泵送	V102 或 V203 被关闭	关闭泵的马达 P100
用 P200 防止对关闭的阀门进行泵送	V201 或 V203 被关闭	关闭泵的马达 P200
防止 TK200 的溢出	LI200 高警报	关闭进气阀 V203
防止 P100 的排出操作	LI100 低警报	关闭 V102
防止 P200 的排出操作	LI200 低警报	关闭 V201

本章所介绍的实验室安全等级不是最高的,所以仅使用互锁来保护设备。但在实际的流程工业中遵循的是安全至上原则。因此,为了全面介绍流程工业的概念,本节将以安全问题作为结尾。HAZOP 是流程工业默认的风险评估方法,包括依照指导清单对流程功能进行系统审查,指导清单列出了流程工业系统运行时的潜在危险。流程工业系统的设计者有义务避免或减轻危险,常用方法是为自动化系统添加安全保护组件,检测系统危险并规避危险,保护整个流程的安全。风险评估确定了安全功能的安全完整性等级(Safety Integrity Level,SIL),该等级对系统的可靠性进行划分,并介绍了实现每个等级所需要的技术。在流程工业中,安全功能通常被添加到独立的安全仪表系统(Safety Instrumented System,SIS)中,该系统在必要时会接替管理整个流程控制系统。在实现流程工业的数字孪生时,同样需要对系统的安全性进行评估。若数字孪生的操作权限仅局限于正常流程,可以在一定程度上忽视安全仪表系统。如果要将数字孪生应用于系统的异常处理,则安全仪表系统将会成为流程工业数字孪生系统中十分重要的部分。

6.1.7　将控制系统与物理流程模型进行整合

控制系统需要将流程中的传感器和执行器进行集成,该集成过程是部署数字孪生的起点。将流程控制系统与流程的模拟模型进行对接,是构建和部署数字孪生的先决条件。这项任务很复杂,因为建立控制系统的源信息主要来自流程工业的模型图,而仿真模型的源信息来自三维 CAD 或激光扫描。同样的部件需要使用这些不同来源的模型匹配,然后才能整合信息并建立正确的接口。工业从业者一般不会在不同的工具(如管道和仪表图和 CADs)中使用一致的命名惯例,所以自动匹配标签(如图6.2中的"V102"或"E100")并不是整合两种模型最好的方法,并且标签也不存在于激光扫描的输出中。但是这项工作若交给人工来做是非常费力的。如果连正确整合不同信息来源这项基本任务都如此困难,那么建立数字孪生的工程成本就会非常高。为此,最近的研究已经实现自动从管道和仪表图的扫描图和3D CAD模型中生成模型,将模型抽象到相同的水平。模型可以识别来自管道和仪表图和CAD的相同的过程组件。值得注意的是,本章讨论的技术是一个正在进行的研究领域,而非成熟的商业技术。

6.2　流程工业的类型

图6.1中的流程基本概括了流程工业中各个要素的作用。本节将讨论一些典型的流程工业,以更广泛的角度进行讨论。

火力发电厂在许多方面都是图6.1中流程的延伸。煤炭等燃料在高温高压容器中燃烧产生热量,使用这些热量将水变为水蒸气,蒸气通过管道引向涡轮机,用于发电。推动涡轮机产生的低压蒸气在被抽回容器之前需要进行冷凝。为此,需要在流程中加入热交换器。热交换器包括一个穿过冷水箱的缠绕管,热量通过管壁进行交换,使蒸气降温和冷凝。高压和高温的生产环境需要较高的安全监控系统。在图6.1的例子中,高压蒸气的建模比加压和加热的液态水的建模更加困难。因此,需要一个高仿真的热液仿真器。高压蒸气的精确建模是一项具有挑战性的任务,同时,现代发电厂需要在可再生能源和不可再生能源之间直接转换,也为建模增加了难度。综上,动态模拟才是适合发电厂的技术。最近关于燃煤电厂动态模拟的一个研究方向是太阳能辅助电厂,使用两种能源进行发电。

核电站,特别是沸水反应堆与火力发电厂有许多相似之处。其中的热量是由裂变反应产生的,而不是通过燃烧燃料。裂变材料在反应堆容器核心的燃料棒中,反应堆冷却剂泵沿着燃料棒进行循环,蒸气在核心处形成。因此可以控制冷却剂的流量,来管理蒸气的产量。蒸气产量过高会减慢裂变反应,如果燃料棒表面暴露在蒸气中,就会导致燃料棒熔化。因此,控制反应堆冷却剂泵是一项安全至上的任务,同时它也是控制裂变反应快慢的手段,间接控制发电量。冷凝流程采用级联控制(在表6.1的控制回路中已经介绍过),外环测量从涡轮机到电网的发电量,并将其作为输出发送到内环,内环控制反应堆冷却剂泵电机的速度。核反应堆显然有比火力发电厂更严格的安全系统,这种安全系统涉及大量的水箱和管道,只有在紧急情况下才会启动。数字孪生的建模者必须仔细考虑将其中的哪些部分纳入模型。此外,建筑内的布局也很重要,它应当防止蒸气、水泄漏和火灾等危险从一个房间传播到另一个房间。设备的分配信息通常无法从工程设计文件中获得,为了解决这个问题,Pihlanko 的团队使用系统建模语言 SysML 来获取工厂中设备的分布情况。系统对安全性的要求越高,系统的时延要求就越高,因此动态模拟在核电厂的应用比火电厂更多。

各种类型的化学过程除了水和蒸气之外,还涉及其他物质,以及物质之间发生的化学反应。现在,动态模拟已经被应用于各种研究当中。Ge 的团队开发并验证了更加绿色环保的燃烧方法,减少了释放到环境中的未燃烧碳氢化合物、氮氧化物、二氧化碳和一氧化碳。Olivier 的团队研究了丙二醇生产过程中的锅炉超压情况。Khaled 研究了一个海上天然气加工厂的各种故障和干扰情况。Wanotayaroj 模拟了温度、压力和罐位的瞬时状态,以验证和调整从废气中分离二氧化碳的化学循环燃烧(Chemical Looping Combustion,CLC)过程的控制器。Yoon 减少了液体天然气(Natural Gas Liquid,NGL)回收过程中的废物产量和能源消耗,同时研究如何发现和处理潜在的危险。流体催化裂化(Fluid Catalytic Cracking,FCC)是石油炼制厂将原油转化为汽油等终端产品的一个主要过程,Cui 模拟了这一过程,以验证生产过程是否满足安全要求。Chisalita 和 Cormos 使用数字孪生来预测带有碳捕获的新型燃烧过程。

6.3 流程工业中的数字孪生

基于前几节的介绍,接下来介绍流程工业中数字孪生的实际应用,包括设计数字孪生的目标、设计方法和由数字孪生提供的最先进的工业流程的模拟能力。同时,本节还将介绍流程工业中数字孪生的最新研究进展。在撰写本书时,数字孪生在流程工业中的研究还处于早期阶段。因此,本节的目标是向读者展示如何应用之前介绍的流程工业的概念来理解和评估这些研究。本书之后的版本可能会讨论为流程工业开发数字孪生的成熟方法,但在撰写本书时,这种方法还不存在。

图 6.1 中的案例流程描述了数字孪生的概念。包括将传感器的测量值与模拟的状态值进行比较,使用 PI(比例积分)控制器计算模拟和实际值之间的误差,并调整动态模拟模型的一些参数,如管道的压力损失等,使模拟值尽可能贴近实际值。这与表 6.1 中的连续控制回路所使用的控制器相同。同时,数字孪生可以与物理系统断开,并在指定的操作条件下加速模拟运行,用于确定指定操作能否应用于物理流程中。由于目前还不清楚在物理传感器监控范围之外设备的同步性如何,所以对于数字孪生体作为软传感器(即在没有物理传感器的地方测量设备状态)的主张在本章中是保持怀疑的。接下来介绍的大多数研究不会详细描述程序

如何编写。

Wang 的团队开发了基于高压釜的数字孪生体，用于在高温和高压下制造纤维增强塑料复合材料。由于设备故障会造成严重后果，因而增加了预测性故障检测的功能。虽然可以使用机器学习等数据驱动的方法，但是高压釜的故障会产生严重后果，所以故障相关数据十分有限。为了获得这样的数据，作者使用高保真数字孪生系统来驱动工艺的虚拟模型进行异常操作。数字孪生由几何模型、物理模型、行为模型和基于规则的模型组成。几何模型由三维工艺 CAD 模型得到，物理和行为模型对应动态模拟模型。基于规则的模型包括流程控制系统，也包括流程设备的故障模式。数字孪生被设置为与物理设备状态十分接近的状态，使用拟合程序测量数字孪生与物理设备在运行时的偏差，并实时调整。

Kender 的团队开发了一个空气分离过程的数字孪生系统，用于从空气中提取 N_2 和 O_2。许多研究人员仅满足于使孪生系统与运行流程同步，而 Kender 考虑了整个生命周期阶段的孪生，包括（预）销售、组装和工艺设计、调试和运行优化。前两个阶段采用稳态模拟，后两个阶段采用高保真动态模拟，以准确捕捉非线性流程。系统被分解为多个子系统，当保真度对于正在进行的数字孪生体调查目标来说是可接受时，就可以用低保真度的线性模型来替代了。虽然与数字孪生的理念相悖，但降低保真度可以避免整个工厂的生命周期中许多单独仿真模型的使用，作者表示可以使用历史或实时操作数据作为物理系统的状态调整动态仿真模型的依据，但却没有进行进一步阐述。利用数字孪生，作者对过程进行了模拟，以确定流程的最快安全启动和关闭时间。该研究的其他工作还包括实时监测和验证传感器测量的准确性。

Koulouris 的团队研究了食品加工行业的数字孪生。由于食品加工行业存在原料的高度季节性和快速变化的市场需求等特点，生产调度是一项关键任务，需要协调按订单生产和按库存生产这两种生产方式。作者将数字孪生定义为工厂车间模拟和调度功能的同步。假设由人执行调度功能，数字孪生的作用就是确保这项工作是根据工厂现场情况进行的。

Aversano 的团队在基于物理学减序模型的基础上，为在无焰燃烧条件下运行的炉子开发了数字孪生。在整个流程中，由于环境条件恶劣，很难或几乎不可能安装物理传感器。数字孪生可以用来预测三维空间中的流程状态，并作为一个软传感器发挥作用。来自现有传感器的实时数据是数字孪生的输入，从而使其与物理流程同步，并使之能够在没有物理传感器的地方预测流程状态。

Yu 的团队为火力发电厂的蒸汽涡轮机开发了一个数字孪生系统。随着可再生能源发电在电网中的占比不断增加，火力发电厂经常需要执行最初设计时没有的一些功能,也被称为非设计运行模式。使用不同的燃料会造成发电量不断变化,这对于依赖发电量控制蒸汽量的蒸汽阀控制系统提出了挑战。阀控制系统对于确保安全、优化能源效率和减少非必要排放至关重要。作者创建数字孪生的目的就是为了实现精确的在线性能监测。该系统建立了一个基于物理学的蒸汽流模型,并设计了一套控制系统。由于阀门部件的老化等因素,参数会根据运行数据进行调整,以获得能准确描述物理设备的系统。

表 6.3 总结了本章所回顾的最先进的工作,它揭示了不同类型的流程以及数字孪生的应用广度,表明数字孪生在流程工业中具有很大的潜力。同时,还需要进一步研究以确保数字孪生在整个过程或子过程中的准确性。尽管在一些工作中考虑了安全问题,但安全功能或安全仪表系统并没有被纳入数字孪生的建模范围。因此,如果加入安全模块,真实的流程工业在异常操作时的表现可能与当前设计的数字孪生有较大的差异。

表 6.3　数字孪生在流程工业的最新应用

参考资料	流　　程	使用案例
Martinez,2018	图 6.1 中的水处理流程	预测特定操作条件下流程的未来状态
Wang,2021	高压灭菌器	为预测性故障维修生成训练数据
Kender,2021	空气分离流程	确定系统最快启动和关闭速度
Koulouris,2021	食品生产	应对工厂车间的干扰,重新安排生产计划
Aversano,2021	在无焰燃烧条件下运行的炉子	软传感器
Yu,2020	热电厂汽轮机的阀门子系统	在线性能监测

第7章 智能电网的数字孪生

为了使读者对智能电网中的数字孪生有一个完整的认知，首先需要了解其发展历程及定义，进而学习它的实际应用以及数字孪生建模技术。在本章中，数字孪生被定义为基于物理设备观测数据和分析的实时数据展示技术。智能电网中的数字孪生能为电力运营商的决策提供依据，实时改进供电策略。同时，数字孪生可以减少电力供应商计划外停电等方面的能源消耗，降低恶劣天气带来的经济损失。

7.1 智能电网中数字孪生的发展

数字孪生技术的基础是扩展信息通信、嵌入式传感器高维数据采集以及人工智能和高性能数据处理技术，是多种技术综合的解决方案。自 1956 年人工智能正式发布以来，一些与数字孪生类似的概念也随之出现。人工智能最初的定义，从广义上提出了诸如思维机器、类人而非人、人脑的复制品、人类推理的模拟等描述。随着计算机技术的发展和进步，人工智能在多个领域中得到应用。在人工智能正式发布大约十年后，NASA 于 1970 年构建了第一个数字孪生概念的系统，该系统被称为镜像系统，用于监控太空航天器。工程师们利用仿真技术模拟了阿波罗 13号的发射过程，根据模拟结果，他们发现需要制作一个简易的空气净化器来保证阿波罗 13 号航天员的生命安全。

阿波罗 13 号的成功发射推动了数字孪生的发展，同时对数字孪生的应用场景也有一定的启发。仿真模型可以在物理空间和数字空间两个场景同时发挥作用，但是仿真模型缺乏两个空间的实时数据交互，并不是真正的数字孪生。数字孪生发展的里程碑实则在 2002 年,名为"产品生命周期管理(PLM)"的概念被提出,见图 7.1。此概念提出了数字孪生应包含如下三个要素。

(1) 物理空间(也可称作现实空间)。

(2) 虚拟空间。

(3) 物理空间与虚拟空间之间的数据交互。

在图 7.1 中,连接能够进行数据交互,并允许虚拟和物理系统的融合和同步。虚拟空间中的模拟可用于优化物理系统,它们之间的连接将贯串系统的整个生命周期。

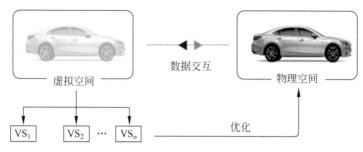

图 7.1 产品生命周期管理的概念

Framling 在研究报告中继续讨论了 PLM 概念中提及的要素,他利用互联网技术提供物理设备与其虚拟代理间的数据连接。该研究基于这样一种考虑,即一个有效的 PLM 系统能够实时查看产品的全生命周期,从生产计划到产品使用,再到废弃处理。之后,对数字孪生的研究主要是为了增加对孪生系统的理解,从而降低生产成本。在 PLM 的概念提出 10 年后,NASA 在其计划路线图中加入了数字孪生的调研和开发。数字孪生在航空航天领域应用的定义为集成多物理场、多尺度的概率模拟系统。该系统使用物理模型、传感器设备、航行历史等数据来预测孪生航天器的寿命。同年,NASA 提出了概念性的航天器数字孪生模型(ADT),用于研究在飞机寿命预测、全生命周期管理等方面的应用,该模型有望成为美国空军实现高效管理的有效途径之一。ADT 可以用作虚拟健康传感器并预测单个飞行器的维护需求。基于 ADT 的开发,美国空军于 2013 年提出了数字线程的概念,强调数字线程具有利用历史数据和当前数据进行未来预测的能力,以确保其具有尽快适应未来快速发展的灵活性。在之后的一些研究中,数字线程和数字孪生的概念是不同的。数字线程指的是一种通信框架,它允许在整个生命周期内实现资产数据的连接,并生成集成视图。而数字孪生的概念自美国空军开始研究至今一直在不断地发展和完善。数字孪生对数字制造和信息系统的集成是实现工业 4.0 和智能制造的关键。

数字孪生在航空航天方面的成功应用在一定程度上推动了其在制造业和工业领域的应用。在这些领域中，数字孪生被定义为能够反映物理设备、从物理设备接收信息的计算机模型或数字模型，能够提取有价值的知识进而改进决策并执行。制造领域的数字孪生使用计算机数字模型来监控生产过程，在 AI 算法的辅助下，进行产品的自主、智能制造，并且可以通过系统的自主决策来应对意外故障或突发事件。此外，在数字孪生和物理系统交互过程中，可以借助人工智能算法，进行历史数据分析，从而得出改进的制造方案。

作为一个复杂的网状网络系统，保证智能电网的稳定和安全运行，对国家的基础发展至关重要。借鉴数字孪生在航空和工业领域的发展优势，智能电网工程师积极寻求机会，希望通过应用数字孪生来改善运营。通过减少意外停电、管理用电市场、减少能源消耗以及适应天气变化来提高盈利能力。智能电网的仿真模拟技术，可以追溯到 20 世纪 50 年代，彼时完成了第一次基于计算机的数值计算和电机的设计优化。从 20 世纪 80 年代中期开始，随着工作站和个人计算机的普及，各种模拟工具在工业中得到了广泛应用。如今，智能电网对仿真工具的要求不仅是解决工程中的数值计算，还要提供更加详细的、多领域和多层次的模拟。除此之外，还需要更多硬件在环（Hardware-In-the-Loop，HIL）的仿真。HIL 可以用来测试硬件，使仿真更贴近现实。开发监控测试管理软件（OPAL-RT）等实时模拟器的出现为 HIL 提供了一种可行的实施方案。可通过基于 HIL 和仿真技术中的多媒体接口来构建虚拟世界与物理硬件之间的连接。数字孪生的基础就是仿真和实时交互。

根据数字孪生的定义，智能电网数字孪生的建立涉及物理空间与虚拟环境之间的测量、数据处理和通信、参数估计、虚拟建模和应用等步骤。图 7.2 描述了在智能电网中构建全生命周期的数字孪生的过程。最初对物理实体的特征进行测量和提取；然后对测量数据进行数据清理、转换和过滤；之后，将经过处理的数据通过通信隧道传输到虚拟空间，类似于集成软件中的 C37.118 信道。基于建模理论的虚拟数字模型旨在建立物理系统的虚拟模型，它需要获取物理系统的实际运行参数，用于自适应更新虚拟模型中的参数，最终演化为数字孪生系统。智能电网的数字孪生反映了物理电网的运行情况，在数字空间中对其特征和行为进行实时描述。在人工智能分析算法的参与下，可以更高效地实现数字孪生的应用。除了实时展示物理设备的当前状态，数字孪生还可以对其未来发展进行预测，从根本上掌控系统的行为模式。

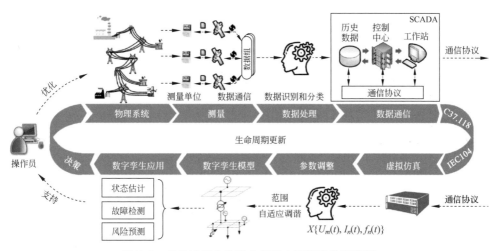

图 7.2　将数字孪生构建为智能电网精准仿真模型

7.2　智能电网数字孪生定义

数字孪生最初的定义是虚拟数据的整合,用于对微观原子级别到宏观几何级别的物理产品进行描述。现在正是其最佳的发展时期,因为数字孪生可以获取物理设备的所有信息。随着模拟技术的发展,数字孪生的定义在此基础上被认为是一种基于计算机的模型,它可以模拟、反映物理实体的全生命周期,通过唯一的密钥与物理设备相关联。AI 技术的整合使数字孪生成为一个有生命的、智能的、不断发展的模型,是物理设备的虚拟镜像。允许对物理设备进行全生命周期监控、预测和优化。对未来的持续预测能够模拟和推动产品创新,以及设备的预测性维护。

按照 7.1 节中的定义,可以将数字孪生分成两种类型:数字孪生原型(Digital Twins Prototype,DTP)和数字孪生实例(Digital Twins Instance,DTI)。DTP 描述了原型物理设备,包含物理设备的所有信息。但此类型的数字孪生不存在数字模型与物理设备之间的连接。DTI 描述了一个具体的通信过程,能够让数字孪生系统在整个生命周期中保持连接状态。此连接可实现数字模型与物理实体之间不间断的数据交换。通过从传感器中采集到的设备运行状态和历史性能记录,DTI 能够实时监控物理设备当前的运行状态。数字孪生聚合(Digital Tiwins Aggregate,DTA)是所有 DTI 的集合。DTI 专注于单个连接实体,DTA 是一种可以访问所有数字孪生体并主动查询的计算结构。它可以持续分析传感器数据并将这些数据与未发生的故障数据相关联,以实现故障预测。图 7.3 展示了智慧电网中数字孪生的结构。

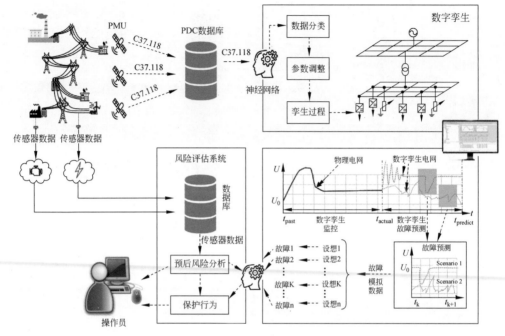

图 7.3　智能电网中的数字孪生

　　根据 DTI 的定义,智能电网中数字孪生的定义可以理解为一种高精度的聚合仿真模型,它与物理电网进行实时交互以及模拟和监控整个系统的状态和性能。

　　图 7.3 展示了数字孪生的定义以及在智能电网中的应用概览。初始阶段,首先将物理电网的数据存储到相量数据集中器(Phasor Data Concentrator,PDC)数据库中。存储在 PDC 数据库中的数据通过通信协议 C37.118 参与数据交互。通过实时模拟器不断接收数据,并将其传输到虚拟环境中。系统的镜像模型是通过不断调整数字孪生参数来动态复制物理电网的运行状态实现的。之后,数字孪生以并行的方式运行,实时监控物理电网的运行情况。若出现偏离预测的情况,将会实时警告操作员(参见图 7.3 的右下部分)。使用机器学习等智能算法可识别偏差数据,并进行维修和调整。整个检测过程分为两个步骤,第一阶段是 AI 算法开发阶段,开发者构建出电网的数字孪生,并根据实时交换的数据,利用电网的特征对数字孪生进行参数化处理,然后将故障状态数据嵌入到数字孪生中,以便对故障进行预测;第二阶段是算法训练和验证。机器学习利用第一阶段的故障数据形成检测模型,充分的训练数据可以在电网运行时准确预测故障,并迅速做出反应。数字

孪生在智能电网中的应用不仅限于上述情况,更多案例将会在7.3节中具体说明。

7.3 数字孪生在智能电网中的建模与应用

通过在智能电网中使用数字孪生,电厂员工能对设备进行实时监控和瞬时控制,极大优化了电厂的运行效率和性能。此外,员工可以根据设备部件的使用寿命分配负载,在损失最小情况下进行设备的维护工作。数字孪生可以评估智能电网的不同方案,提高决策效率,还可以展示系统未来的运行状态,进一步改进智能电网的部署。本章介绍了三种数字孪生模型,具体说明了三种模型的建立和应用。

7.3.1 基于参数估计的非线性模型

基于智能电网组件及其控制系统构建数字孪生是其中一种建模方式。为了实现该技术,首先在仿真平台上构建由发电机、变压器、传输线和负载等基本组件组成的数字模型。每个组件的传统电路图如图7.4所示。例如,采用标准 pi 模型来表示传输线,该模型的特点是线路的串联阻抗集中在中心,每条线路的并联电容分为两个相等的部分。同时,根据研究的重点使用不同的负载模型。多项式负载模型通常用于对住宅、商业和工业负载的建模。ZIP 模型为多项式负载模型之一,包括恒定阻抗 Z、恒定电流 I 和恒定功率 P。图7.4为恒定阻抗 Z 型 RL 负载模型示意图。

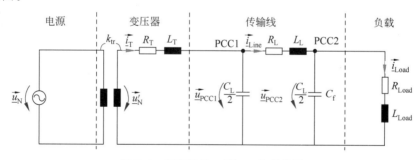

图 7.4 恒定阻抗 Z 型 RL 负载模型

为了获得精准的动态仿真智能电网的数字孪生系统,推荐使用电磁瞬态(Electro Magnetic Transients,EMT)模型。EMT 仿真解决了时域电路方程,可以表示系统谐波、电力电子转换器响应、交流系统谐振等。然后为每个系统组件构建基于微分方程的 EMT 模型。从图7.4所示的模型推导出描述变压器、传输线和其他元件电容器上的电压和电感上的电流的微分方程。使用标准智能电网组件构建的数字模型，可以很好地表示存在误差的真实智能电网的行为，推荐在构建模型时采用参数估计法，能够最大化减少甚至消除实际系统与数字孪生模型之间的误差。

图 7.5 展示了基于参数估计的数字孪生构建过程。第一步是根据标准系统拓扑和设备组件结构构建智能电网的数字化模型。然后，建立智能电网与数字孪生系统间的连接。在相同的输入条件下，数字孪生应和真实系统做出相同的反映。为此，使用参数估计来构建数字孪生，找到最好的模型参数集 p，以实现真实智能电网 Y 和数字孪生 Y' 的最佳拟合。利用已知的系统拓扑结构和模型参数 p，结合实时采集数据不断创建和更新系统的数字孪生。

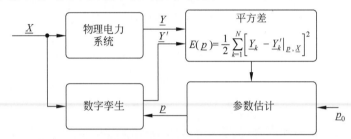

图 7.5　基于参数估计的数字孪生构建过程

参数估计通常基于灰盒模型。灰盒模型假设系统的结构已知或使用典型结构，但是系统参数未知。这是因为大多数智能电网组件（例如，发电机和变压器），其制造商提供的参数仅可用于短路分析。而有些研究需要额外的参数，这意味着需要对参数进行估计，进而构建数字孪生模型。

有很多方法可以估计动态模型的参数。这里介绍被广泛使用的非线性最小二乘法，该方法通过最小化误差平方和来确定最佳的估计数据，具有良好的收敛性。

$$E(\underline{p}) = \frac{1}{2}\sum_{k=1}^{N}\left[\underline{Y}_k\,|\,{\underline{x}} - \underline{Y}'_k\,|\,_{\underline{p},\underline{x}}\right]^2 \tag{7.1}$$

其中，$\underline{p}$ 是要估计的参数集。$\underline{Y}_k\,|\,{\underline{x}}$ 和 $\underline{Y}'_k\,|\,_{\underline{p},\underline{x}}$ 分别用来表示真实电网和数字孪生模型 $\underline{X}$ 的输出数据，k 是输入数据集。

最小化问题通过标准优化技术解决，如基本的 LM 算法、梯度下降法、高斯-牛顿算法及其优化算法。非线性最小二乘问题可以理解为模型拟合分析，将 n 个未知参数中的 N 次观测值（$N \geqslant n$）$\underline{Y}$ 与非线性函数 $f(\underline{p},\underline{X})$ 进行拟合。

$$\underline{Y}'_k = f(\underline{p},\underline{X}) \tag{7.2}$$

其中，$\underline{Y}'_k$ 是第 k 个观测值的非线性模型的输出。

为了优化参数集 p，采用参数优化算法来更新参数。下面介绍使用梯度下降法进行参数优化，其中参数向下降最快的方向更新。

$$p_{i,h+1} = p_{i,h} - \lambda \nabla E(p_{i,h}), \quad i = 1, 2, \cdots, n \tag{7.3}$$

其中，$p_{i,h}$ 是第 k 次迭代的参数集的第 i 个参数。λ 是一个正标量，决定速度下降最快方向的步长。

将新的参数 p_h 输入进公式(7.1)中来计算平方误差 $E(p)$ 的总和。一直迭代，直到 $E(p)$ 达到接收的范围，参数估计停止，得到最优参数集。

数字孪生训练的输入和输出数据应考虑到数据集之间的相关性。一些与其他数据集相关性较低的数据集不会作为训练数据。智能电网中的母线电压随着负荷母线和发电母线的功率变化而变化。因此，选择符合发电功率的数据作为训练的输入数据集，电压作为输出。得益于全球定位系统的精准计时技术，本章作者开发出了相量测量单元(PMU)，用于系统动力学中的高精度监测。通过 PMU 获取数字孪生模型训练数据，构建并不断更新数字孪生模型。图 7.6 为这一过程的示意图。

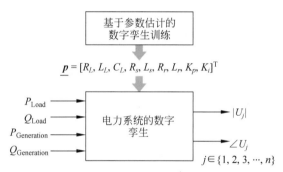

图 7.6　构建数字孪生模型的输入输出数据集

在数字孪生训练过程中，参数集 p（包括传输线阻抗、发电机定子和转子阻抗及其控制器参数）会不断估计和优化。因此，数字孪生的训练过程也是参数估计的过程。本章参考了 IEEE 9 总线系统作为测试系统，来验证数字孪生模型，该模型是基于参数估计的非线性模型构建的。其拓扑结构如图 7.7 所示，由三台发电机、三台负载、三台变压器和六条传输线组成。

根据 IEEE 9 的拓扑结构，其数字孪生模型是基于微分方程构建的。母线 4、6、8 监控电压的幅度和角度。数字孪生模型在 1% 负载和 2% 发电量减少的环境下进行数据训练。图 7.8 显示的是减少 3% 负载的结果，并展示了参数优化使用前后的对比。

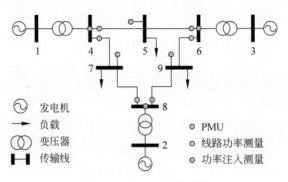

图 7.7　IEEE 9 总线系统

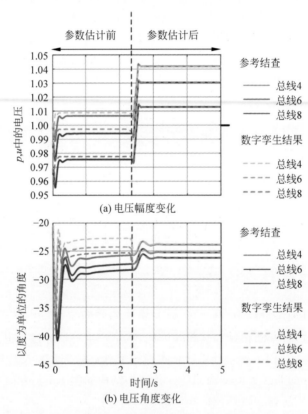

图 7.8　三个检测总线的电压幅度和角度变化动态分析

　　图 7.8 的结果表明，经过参数优化后的数字孪生，其结果与预测数据完全吻合。经过训练的数字孪生模型可以动态预测智能电网的未来状态。

　　在智能电网中安装 PMU 的好处：大量的实时数据为构建数字孪生模型提供

了另一种方法,可用于在线研究和预测智能电网的动态。基于参数估计的非线性数字孪生模型可用于动态响应预测,并在故障研究、控制设计、稳定性分析等方面发挥重要作用。这种数字孪生通常需要很长时间的训练才能准确表示智能电网。之后将介绍其他类型的数字孪生模型,这些模型应用于一些特定场景,通常不需要大量的训练,就可以准确地表示系统。

7.3.2　基于人工神经网络的数字孪生:用于状态预估

快速获取智能电网的状态(电压和角度等)对于系统的监控和控制的实施具有至关重要的作用。然而,电网的大部分状态不能监测或测量成本太高。为了获取系统的完整状态,需要对系统进行状态预估。

人工神经网络(ANN)可以对数字孪生系统中难以获取的状态进行精准预估。神经网络具有很高的容错性,通过其强大的计算能力来进行模式识别,这使得其在解决状态预估问题时具有一定的优势。电网的状态预估过程可以看作是函数的确定。通过挖掘采集的数据与网络运行状态之间的关系,使用人工神经网络构建函数。下面介绍 ANN 的一些基本概念。

1. ANN 的结构和学习算法

ANN 每个单元与人类神经元高度相似。有了这个特性,人工神经网络可以计算任何逻辑或算术函数。与人类大脑的神经元相比,人工制作的神经元结构非常简单,基本模型如图 7.9 所示。

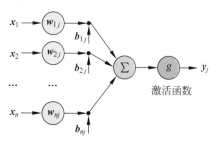

图 7.9　单个神经元结构图

图 7.9 中,x 是输入向量,w_j 是第 j 个隐藏层的权重向量,它表示每个输入到输出单元 y_j 的权重。因此,激活函数可以考虑使用 x 和 w_j 的乘积。信号在加权求和后传递给激活函数。通常,使用非线性激活函数。基于特定的网络结构,神经元 y_j 的输出使用如下函数。

$$y_j = g\left(\sum_i w_{ij} x_i + b_{ij}\right) = g(w_j^{\mathrm{T}} x + b) \tag{7.4}$$

有两种常用的激活函数：修正线性单元(Rectifier Linear Unit，ReLU)和 S 曲线函数(Sigmoid 函数)。ReLU 函数在输入 x 低于某个阈值时输出 0，当 $x>0$ 时，它作为线性函数输出，其公式如下。

$$g_{\text{RELU}} = \max(0, x) \tag{7.5}$$

Sigmoid 函数广泛应用于多层感知器中的反向传播。

$$g \frac{1}{1+\mathrm{e}^{-x}}_{\text{Sigmoid}} \tag{7.6}$$

ANN 非常灵活，具有很高的适用性。ANN 的学习过程由多个步骤组成，在每个步骤的学习中，ANN 会使用不同的权重来训练新样本，即权重 Δw_{ij} 和偏差 Δb_{ij} 都是自适应的。接下来介绍权重 Δw_{ij} 的构造过程。

要计算 Δw_{ij}，应遵循一些学习规则，其中，delta 规则和反向传播是机器学习中两种重要的学习规则。在监督式学习中，存在参照值 $\hat{y}_j$ 用于评估第 j 个神经元的输出值 y_j。权重 Δw_{ij} 将根据实际输出 y_j 和参照值 $\hat{y}_j$ 之间的差异来调整。权重更新的规则函数为：

$$\Delta w_{ij} = \eta(y_j - \hat{y}_j)x_i \tag{7.7}$$

η 代表学习率。通过调整权重，减少训练集结果的误差，即 y_j 和 $\hat{y}_j$ 的差值。delta 规则在数学上指的是梯度下降法。必须选择适当的学习率 η，若 η 太小，可能导致学习时间过长，若 η 太大，可能跳过最佳值。

将训练数据集 (x, y) 传递给 ANN 后，与权重相关的误差可通过以下公式计算。

$$E_j(w_j \mid x, y) = \frac{1}{2}(y_j - \hat{y}_j)^2 \tag{7.8}$$

假设 y_j 仅取决于权重，使用 E_j 的偏导数来确定梯度 Δw_j。

$$\Delta w_j = \nabla E_j(w_j \mid x, y) = (y_j - \hat{y}_j) \nabla \hat{y}_j \tag{7.9}$$

对于多层感知器，可以使用增量规则进行扩展，这就是所谓的反向传播，主要用于有隐藏层的网络。第一步是计算初步输出，即公式(7.4)。然后，在输出层生成实际输出 y_j 和参考输出 $\hat{y}_j$ 的差值。之后，误差被反向传播至输入层，最后更新权重。反向传播误差过程如下。

$$\delta_j = \begin{cases} y_j - \hat{y}_j, & \text{若 } j \text{ 代表输出层} \\ g'\left[\sum_k \delta_j w_{jk}\right], & \text{若 } j \text{ 代表隐藏层} \end{cases} \tag{7.10}$$

在函数(7.10)中，y_j 指的是前一个神经元的输出。如果激活函数是线性的，那么其导数就是常数,所以学习率可以设为一个常数值。通常,激活函数为多个非线性函数的组合,以捕获 ANN 的输入变量和输出变量之间的非线性关系。

2. 基于人工神经网络的数字孪生

基于神经网络的数字孪生可应用于多个领域。在本节中,将重点介绍用于智能电网状态预估的神经网络。如前文所述,可以将神经网络视为输入变量映射到输出变量的函数。对用于数字孪生状态预估的神经网络,实际电网的测量值作为输入,每个系统母线电压的幅度和角度作为输出。图 7.10 显示了基于神经网络的数字孪生系统的组成结构。该系统由两个神经网络组成,其中一个用于预估智能电网中每条母线的电压幅度,另一个用于预估电压的角度。在图 7.10 中还展示了用于训练的输入和输出集。虽然训练两个神经网络可能会增加工作量,但是两个神经网络结合会大大增加预估的准确性。

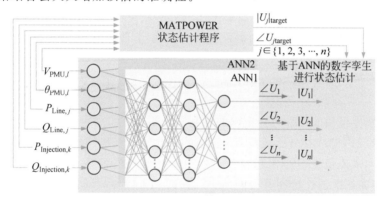

图 7.10 基于神经网络的数字孪生系统结构

网络的输入值是研究人员在 MATPOWER 软件中使用执行状态预估程序得到的。每个数据对应智能电网的预估状态。这些状态作为评估基于神经网络数字孪生的依据。

将神经网络应用到 IEEE 9 总线系统中,来证明两个全连接多层前馈神经网络能承担智能电网的状态预估工作。在这项工作中,两个 ANN 都含有两个隐藏层,并且两个隐藏层的神经元数量都为 8 个。ANN1 和 ANN2 之间有 24 个输入值,用作图 7.4 中的 12 个测量和 9 个输出,分别对应 9 个总线,两个 ANN 的架构都是24-8-8-9。通过测量线路功率和输入功率,能够得到有效功率和无效功率。从母线4、6 和 8 得出的 PMU 中获取电压的幅度和角度。从图 7.10 中可以清楚地看到,ANN1 用于预估电压的幅度,ANN2 用于预估电压的角度。

为了测试基于 ANN 的数字孪生的准确性,本章设计了多个测试场景。系统中总线 5、7 和 9 上的三个负载以 20% 的步长从 10% 增加到 90%。为了保证预估结果收敛，三台发电机的发电量也相应增加。表 7.1 给出了电压幅度和角度预估的平均误差。表 7.1 显示最大误差位于总线 7，小于 0.4%。

表 7.1 基于 ANN 的数字孪生系统准确性评估

电压	误差/%	总线 5	总线 7	总线 9
振幅	最大误差	0.22	0.18	0.23
	平均值	0.08	0.06	0.07
角度	最大误差	0.32	0.39	0.38
	平均值	0.09	0.05	0.07

本节介绍了基于 ANN 的数字孪生的状态预估系统。结果表明，设置 ANN 进行大量测试数据的训练，可以获得准确可靠的数字孪生以进行状态估计。与基于微分方程构建的数字孪生相比，基于 ANN 的数字孪生训练数据量显著减少。7.3.3 节将介绍另一种类型的数字孪生——基于数据驱动数字孪生的控制器设计。

7.3.3 基于数据驱动数字孪生的控制器设计

数字孪生可用于设计智能电网的控制器。本节介绍利用数据驱动的数字孪生来设计基本的 DC/DC 升压转换器。随着可再生资源在电网中的使用，电源转换器对智能电网来说也变得越来越重要。通过升压转换器将输入电压增加到所需标准，便于将光伏电池连接到电力网络中。如图 7.11 所示，转换器由直流输入电压源 V_{in}、电感器 L、开关周期为 T 的受控开关 S、二极管、滤波电容器 C 和负载电阻器 R 组成。由于开关的特殊性，使得转换器模型是非线性的，加大了控制设计的难度。由于商用 DC/DC 转换器内部构造十分复杂，并且为了技术保密，一些参数并未公开，对其建模是有一定难度的。因此，下面来介绍本地网络模型（Local Model Network，LMN）技术，用于构建数据驱动的数字孪生。

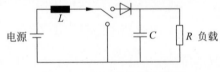

电源 L C R 负载

图 7.11 升压转换器电路图

1. 本地网络模型

LMN 是多个局部线性模型（Local Linear Models，LLM）集成的概念。它代表一个全局的非线性模型，提供了各种模型结构和学习算法的框架。构造 LMN 经典的算法称为局部线性模型树（LOLIMOT），用于训练 LMN。在 LOLIMOT 中，LMN 的输入通过树结构算法进行划分，局部模型通过重叠基本的局部函数进行插值操作。数据驱动的非线性动态系统构建包括结构选择和参数估计两个步骤。使用 LOLIMOT，在训练 LMN 的过程中优化 LLM 的数量和局部参数，包括每个LLM 的权重函数。图 7.12 显示了 LMN 的结构。

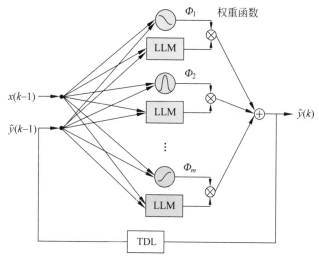

图 7.12　LMN 的结构

LOLIMOT 是一种增量树算法，在每次迭代中添加一个新的 LLM 或其他新的规则来训练 LMN。在整个训练过程中，性能最差的 LLM 被分成两个分支。每个 LLM 都用于描述特定操作范围内输入和输出之间的关系，使得模型的误差最小化。

对每个 $\mathrm{LLM}_m (m=1,\cdots,M)$，$i$ 个输入变量 x 表示为：

$$\hat{y}_m^{\mathrm{LLM}} = w_{m,0} + w_{m,1}x_1 + w_{m,2}x_2 + \cdots + w_{m,i}x_i \tag{7.11}$$

若单独估计 LMN 的参数，则会忽视局部模型之间的相互作用。为了避免这种情况，使用加权最小二乘法（Weighted Least Squares，WLS）用于局部模型的参数估计。线性控制理论的许多方法都可以通过 LLM 转移到非线性领域。

如图 7.12 所示，第 m 个局部模型的输出 $\hat{y}_m$ 为 LLM 的权重计算提供依据，可通过以下方式获得。

$$\hat{y}_m = \Phi_m(\underline{x})\hat{y}_m^{\mathrm{LLM}} \tag{7.12}$$

其中，x 包含 i 个输入向量 $\underline{x} = [x_1 x_2 \cdots x_i]$。$\Phi_m$ 是权重函数，描述了局部模型的有效范围，帮助每个局部模型构造输出。对于 Φ_m 的计算，采用基于决策树的思想和 LOLIMOT 算法的分层二叉树结构。LMN 的结构类似于径向基神经元网络，但是权重函数是径向的，局部模型有常数值。权重函数一般是归一化的高斯函数，其公式如式(7.13)所示。

$$\Phi_m(\underline{x}) = \frac{\mu_m(\underline{x})}{\sum\limits_{m=1}^{M} \mu_m(\underline{x})} \tag{7.13}$$

其中：

$$\mu_m(\underline{u}) = \exp\left(-\frac{1}{2}\left(\frac{(x_1 - c_{m1})^2}{\sigma_{m1}^2} + \cdots + \frac{(x_1 - c_{mt})^2}{\sigma_{mt}^2}\right)\right)$$

$$= \exp\left(-\frac{1}{2}\frac{(x_1 - c_{m1})^2}{\sigma_{m1}^2}\right) \cdot \cdots \cdot \exp\left(-\frac{1}{2}\frac{(x_i - c_{mt})^2}{\sigma_{mt}^2}\right) \tag{7.14}$$

通过中心坐标 c_{mi} 和标准差 σ_{mi} 来确定权重函数 $\Phi_m(\underline{x})$。这些非线性参数表示了输入数据的划分情况。根据高斯函数性质，中心坐标 c_{mi} 确定了矩阵的中心，而标准差 σ_{mi} 决定了函数的范围。如果有更高维的输入，输入空间的形状将从矩形转变为超矩形。

2. 基于数据驱动数字孪生的 DC/DC 升压转换器

DC/DC 升压转换器应用场景十分广泛，例如，为电动汽车提供诸如太阳能等可再生能源所产出的电能。由于转换器是非线性的，调节它们的输出电压并不容易。为了正确设计出转换器，需要从采集到的数据中构建其数字孪生模型，转换器结构如图 7.13 所示。

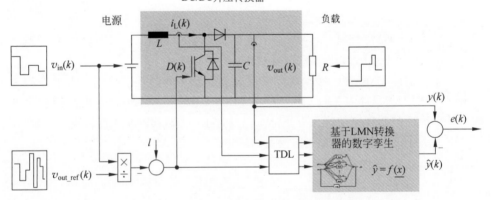

图 7.13　基于 LMN 数字孪生转换器结构

首先要收集包含转换器所有行为的数据,根据这些数据构建出其精准动态模型。以下介绍的电压控制器是为了输出转换器电压,而不受输入电压和负载变化的影响,保证数据的稳定性。因此,系统设置了输出电压、输入电压和负载生成数据集的激励信号。三个信号由调幅伪随机二进制信号(APRBS)生成,涵盖转换器所有的工作区间。转换器开关的周期为 T,开关闭合时间为 $D \times T$,打开时间为 $(1-D) \times T$,其中,D 是转换器在稳态下的占空比。可以使用如下公式获得占空比。

$$D = 1 - \frac{v_{\text{in}}}{v_{\text{out\_ref}}} \tag{7.15}$$

其中,v_{in} 是输入电压,$v_{\text{out\_ref}}$ 表示输出电压。为了模拟占空比的变化,使用50个参考电压和10个输入电压来形成激励信号。激励信号 v_{in} 最小保持时间为 1s,$v_{\text{out\_ref}}$ 为 0.2s,负载变化的最小保持时间为 1s。然后将三个激励信号作为转换器的输入,生成输出电压 $v_{\text{out}}(k)$ 和感电器电流 $i_L(k)$ 的数据。生成的数据和占空比 $D(k)$ 以及延迟信号 $v_{\text{out}}(k-1), \cdots, v_{\text{out}}(k-n+1), i_L(k-1), \cdots, i_L(k-n+1)$,$D(k-1), \cdots, D(k-n+1)$ 通过抽头延迟线模型(Tapped Delay Line,TDL)提取,用于训练基于 LMN 的转换器数字孪生。数字孪生的输出及其对应的输入可用公式(7.16)表示。

$$\hat{v}_{\text{out}}(k+1) = f \begin{pmatrix} v_{\text{out}}(k), v_{\text{out}}(k-1), \cdots, v_{\text{out}}(k-n+1)), i_L(k), i_L(k-1), \\ \cdots, i_L(k-n+1), D(k), D(k-1), \cdots, D(k-n+1) \end{pmatrix}$$

$$= \sum_{m=1}^{M} \Phi_m \times (\underline{\theta}_m \times \underline{x}(k)) + \sum_{m=1}^{M} \Phi_m (\theta_{m,3n} D(k)) \tag{7.16}$$

Φ_m 是第 m 个模型的权重函数,$\theta_{m,n}$ 是模型 m 的第 n 个局部参数。延迟信号的阶数 n 越大,数字孪生输出与实际转换器的输出电压之间的差值越小。换句话说,当历史数据足够多时,数字孪生的模拟数据就越精准。在基于 LMN 的数字孪生中,不同工作范围的转换器使用不同的 LLM 进行建模。得到精准的数字孪生模型后,再进行控制器的设计。

3. 局部线性控制器

考虑到基于 LMN 的数字孪生模型的动态性,针对每个 LLM 设计了局部线性控制器(Local Linear Control,LLC)。LLC 的任务是在特定的工作范围内控制输出的电压。占空比是基于平均模型转换器的控制信号。因此,在控制设计时需要计算占空比的值。在精准跟踪控制器中求解误差方程,建立误差值的控制输入:

$$v_{\text{ref}}(k) - v_{\text{out}}(k) = 0 \tag{7.17}$$

$v_{\mathrm{ref}}(k)$ 表示目标电压, $v_{\mathrm{out}}(k)$ 是实际输出电压。

考虑特定操作范围内单个 LLC, 第一个 LLC 的计算公式如下。

$$D_m(k) = \frac{v_{\mathrm{ref}}(k+1) - \underline{\theta}_m \times \underline{x}(k)}{\theta_{m,3n}} \tag{7.18}$$

为了覆盖所有的工作情况, 转换器的组合控制信号可以通过如下公式获得。

$$D(k) = \frac{\sum_{m=1}^{M} \Phi_m \theta_{m,3n} D_m(k)}{\sum_{m=1}^{M} \Phi_m \theta_{m,3n}} = \frac{\sum_{m=1}^{M} \Phi_m v_{\mathrm{ref}}(k+1) - \sum_{m=1}^{M} \Phi_m \times (\underline{\theta}_m \times \underline{x}(k))}{\sum_{m=1}^{M} \Phi_m \theta_{m,3n}}$$

$$\tag{7.19}$$

根据公式 (7.13), 可以得到每个工作点的 $\sum_{m=1}^{M} \Phi_m = 1$。 因此, $D(k)$ 的计算公式如式 (7.20) 所示, 也可以结合公式 (7.16) 和公式 (7.17) 得出。

$$D(k) = \frac{v_{\mathrm{ref}}(k+1) - \sum_{m=1}^{M} \Phi_m \times (\underline{\theta}_m \times \underline{x}(k))}{\sum_{m=1}^{M} \Phi_m \theta_{m,3n}} \tag{7.20}$$

基于 LMN 构建的转换器, 使用输出电压控制器来保证电压不受负载和输入电压的影响, 其结构如图 7.14 所示。

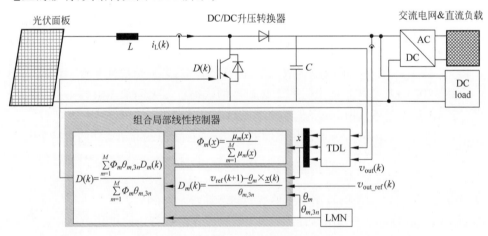

图 7.14　基于 LMN 设计的 LLC

4. 基于 LMN 的数字孪生与 LLC 控制的仿真结果

控制器的设计基于当前工作范围输出适当的占空比。为此, 执行如下两个步

骤：DC-DC 转换器数字孪生模型的构建、控制器的设计。使用平均模型的 DC-DC
转换器实际是基于 LMN 的数字孪生模型构建的。转换器参数设置如下：输入电
压 $V_{in}=24V$，电感 $L=0.25mH$，电容 $C=200\mu F$，电阻 3Ω。

选择 LMN 中第 6 个 LLM 作为实验对象，其中，延迟信号阶数为 4。这意味着
函数式(7.16)中设置 $m=6,n=4$。然后将数字孪生模型的输出电压曲线与参考模
型的曲线进行比较，见图 7.15(a)。很明显，数字孪生模型成功捕获了转换器的动
态行为。

图 7.15(b)显示了研究操作范围内每个 LLM 的权重。LLM 的权重在不同的
操作点有不同的比例。在图 7.15(a)中，电压相对较高的工作点 54V 处，LLM4 的
权重最大。这意味着 LLM4 在此点的行为捕捉中起主导作用。

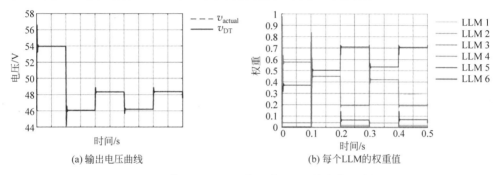

(a) 输出电压曲线 (b) 每个LLM的权重值

图 7.15　基于不同 LLM 权重的 LMN 输出电压变化

为了评估数字孪生模型的准确性，采用绝对百分比误差(MAPE)作为误差
标准。

$$\text{MAPE}=\left(\frac{1}{N}\right)\cdot\sum_{k=1}^{N}\frac{|v_{actual}(k)-v_{DT}(k)|}{v_{actual}(k)} \tag{7.21}$$

N 是测试样本的数量。在图 7.16(a)中，MAPE$=0.0094\%$。根据精准的数
字孪生模型和参数设计出电压控制器 LLC。图 7.16 显示了控制器在不同的输入
电压下，输出电压的结果，并研究了电压跟踪和控制器对输入电压变化和负载变化
的鲁棒性。此外，还将 LLC 控制下的转换器性能与 PI 控制器进行了比较，参数由
齐格勒-尼科尔斯控制方法确定。

与 PI 控制下的转换器相比，在 LLC 的控制下转换器的性能更好，并且对电压
变化的反应也更加迅速。在所有的情况下，LLC 稳定电压所耗费的时间都短于
PI。在电压跟踪的研究中，PI 控制下的超调值小于 LLC 的超调值。然而，在第二
个研究场景中，LCC 花费的稳定时间和超调值小于 PI。

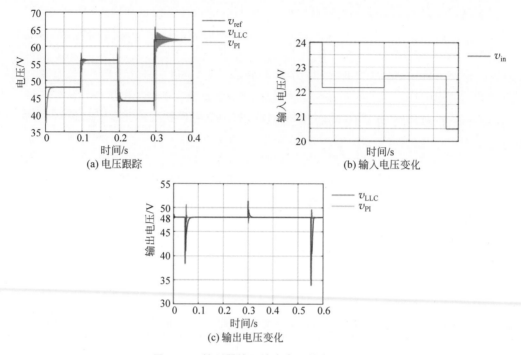

图 7.16　控制器输入输出电压的变化折线

　　本节使用 LMN 技术构建数据驱动的数字孪生，然后基于该数字孪生设计了 LLC 控制器。结果表明，所提出的控制器可以控制转换器实现对不同的输入电压和负载，输出稳定的电压值，甚至比传统的 PI 控制在动态控制中性能更好。

小　结

　　本章介绍了智能电网中数字孪生的应用，从电力系统研究员的角度提出了数字孪生对智能电网的意义。数字孪生可以理解为一种精准的聚合仿真模型，它与物理电网实时交互，对整个系统的状况和性能进行仿真和监控。为了让读者更好地理解智能电网中的数字孪生，本章介绍了一些应用程序及其兼容的数字孪生建模技术，例如，数字孪生可估计智能电网中的状态并设计合适的转换控制器。目前大力提倡清洁能源，导致电网中的转换器越来越多。根据本章的研究，使用大量智能电网的运行数据来训练神经网络，可以实现数字孪生对电网状态的建模和追踪。电力系统研究人员也需要继续加强数字孪生在智能电网领域的研究，使智能电网的智能化和数字化更上一层楼。

第8章 智慧农业的数字孪生

近年来,数字孪生的发展突飞猛进,数字孪生逐渐开始与各个领域结合,应用于目前物理世界的数字化中。数字孪生在农业领域也可以发挥重要的作用,数字孪生技术可以充分提高农作物产品的产量、收益以及缓解食品安全等问题。对于目前农业领域普遍存在的问题,本章综合了数字孪生现有的技术,讨论了数字孪生应用于农业领域的发展前景,并提出了数字孪生应用于农业领域仍存在的问题。

8.1 农业的数字孪生

当前,全球农业数字化水平还处在一个普遍不发达的状态,大部分国家和地区的农业都还比较传统,新一代信息技术的应用尚未普及到农业领域,农业从业者主要依靠自身的学习与经验来指导农业生产活动,农业生产受到极大的限制,全球的粮食问题尚未得到彻底解决。数字孪生技术的出现使农民和利益相关者有能力应对意外情况,通过不断监控从生产到营销和销售的整个过程,来事先识别问题,并在适当的时间安排预测性维护以及为复杂问题提供即时解决方案。

数字孪生技术可以有效推动农业向优质、生态、现代化和信息化的方向发展。数字孪生技术已经在农场管理中得到应用,因为它消除了与地点、时间和人类观察有关的基本限制,农业生产将不再需要物理上的接近,数字孪生允许对农场作业进行远程监测、控制和协调。通过对全球范围内的农场和农业活动的数字孪生,农业价值链中各个层面的参与者将可以获取更多的信息资源,更有效地预测农作物产量,在有限的资源下,扩大生产的规模。IBM认为,对真正耕作的农场进行数字复制,可以为全球农场打造一个"数字孪生"或"虚拟模型",实现农作物的健康管理,还可以对农场数据进行共享，让农业各参与方分享想法、研究和材料，交流全球农场和作物生长相关数据，并与食品供应链相互连接。荷兰的 Connecterra 公司基于数字孪生技术研发了数字奶牛助手服务，通过远程监视母牛并检测母牛何时处于发情期，全面了解母牛的健康状况，进一步预测下一个周期的开始日期，并使用物联网技术向农民发送可行的见解和智能建议；希腊的 BeeZon 养蜂场监控系统设计了蜂群的数字孪生，对蜜蜂的疾病、病虫害感染、农药暴露和毒性进行远程监控，帮助养蜂人远程控制其养蜂场并做出明智的管理决策。图 8.1 展示了目前农业存在的问题。

图 8.1　农业发展中存在的问题

8.2　数字孪生构建智慧农场

从传统的人工种植到现有的机械化种植，从亲自耕种到现在的自动播种，构建实时监测、全程控制的智能化数字孪生农场已不再是一个遥不可及的梦想。近年来，高德纳（Gartner）命名供应链中的数字孪生为数字供应链孪生（Digital Supply Chain Twin），并形象描述了数字孪生不仅是一个它的物理对象的模型：每个物理对象至少有一个唯一的数字孪生与之对应，来控制它所表示的对象，拥有它所表示的对象的所有数据，如识别、状态、内容等，它能找到物理对象的状态并获取通知，能模拟仿真现实世界的物理对象、事件、流程，能用规则、预测、算法进行分析。这一理论已经引起了供应链业界、供应链软件提供商、研究者的兴趣和广泛重视。

目前，数字孪生技术已应用于工业、城市设计、建设、制造系统、社区规划、能源、物流、供应链等多个领域。结合农业领域,数字孪生技术提供从种植前到农产品销售后的全过程监测和记录,实现在播种到农作物生长发育时期,再到收获并销售农作物的全程一体自动化生产销售模式。农业数字孪生的构建依托于人工智能技术、仿真技术、大数据分析技术、VR 技术、区块链技术、云计算技术等关键技术,同时与农业数字孪生相关的各个技术之间并非单一的线性关系,而是依靠多技术之间的相互作用,融合成一体化的技术解决方案,为农业数字孪生提供支撑和服务。

根据物联网技术、云计算技术、MR 技术结合数据交互、分布式存储系统实现在基础支撑层和数据层中将监测的信息数字化,传输到模型构建层中通过大数据分析技术构建符合农业生态系统的多种数字化模型,再结合仿真技术、区块链技术等将确定性规律和完整机理的模型转化成软件的方式来模拟三维可视化农场,并致力于应用层的多种应用服务相辅相成地并发进行。系统架构如图 8.2 所示。

图 8.2 数字孪生构建的智能农场架构

8.2.1 人工智能预测植物生长状况

植物生长调节很大程度上依靠有机合成、微量分析、植物生理以及生物化学等多种科学技术的综合发展。植物的生长过程从种子发芽、长叶到开花、结果,目前多为人工观察,难以做到全面性、具体性、统一性地预测植物生长趋势。

数字孪生农场可以利用传感器精准地实时监测土壤中的化学成分、土壤墒情以及田地中的各种动态数据,根据智能预测得到的未来天气情况,及传感器反馈的风向、风力、雨量、光照等多种影响农作物的气候因素，实时根据监测的市场数据、土壤状态、天气情况、农作物的生长发育状况，对农作物的产量长势及收益进行精准预测，实现全方位地自动化操控农作物产品。

其次，数字孪生农场可以对自然灾害及时做出预警，并且在自然灾害来临之时，第一时间对农作物产品开启保护措施，对于虫灾、雪灾、洪水等不同的自然灾害分别采取相对应的应急措施，通过精准检测和智能分析，保护农作物产品免受自然灾害的侵袭。在基础支撑层，根据专有芯片、传感器采集到的土壤、天气、风力、风向、光照、雨量等信息，将各种影响农作物生长的因素、农作物的生长发育情况等信息转换为数字化形式传到数据层。在数据层，包含基础支撑层传递的实际农作物生长情况的数据、外部影响农产品的环境数据以及模型构建层虚拟化计算出的数据，并且具备数据的处理、存储、融合、分析、预测等功能。

基于智慧农场中对于农作物产品的相关监测，市场大数据模型的预测，以及智能采取应对自然灾害的措施，构建面向于环境感知的智能分析层，通过基础设施层提供的数据统一地进行计算、存储、分析、测试、验收等工作。人工智能技术通过对大数据的实时分析，可以解决对农作物未来生长情况无法掌控等问题，以达到总收益最大化阶段。

8.2.2　虚拟现实模拟三维数字农场

现有的智慧农场并非只要遥控机器，便能实现自己万亩良田的养殖、灌溉饲养、收割。在满足粮食生产需求方面，农民每天仍需要面临着各种各样的挑战，手工劳作的频率依旧不减当初。农场往往地处偏远，资产价值高，这使得它们长期以来容易受到各种不确定性因素的侵害。

数字孪生智慧农场利用仿真技术构建的三维数字孪生农场模拟出农作物生长的真实情况，对农作物多方面的生存环境建立数字化的模型。在三维数字孪生农场中实现可远程操控的精准除虫除草，及时自动地根据实时监测的数据进行灌溉和施肥；并根据天气季节变化及时模拟出对农作物的保护措施，应对实时变化的天气情况和土壤水平，降低成本与环境污染；同时提高药、肥料的有效性；实时根据农作物的生长发育状况生成相应的自动解决方案。

在模型构建层，为农民提供数据获取和建立农作物产品的数字化模型，建立市场需求量的数字化模型，以及单位内的土壤成分及历史信息的数字化模型等功能。在仿真分析层，将数字化模型融入市场需求量规律、天气规律等规律和机理之中，模拟仿真三维可视化农场。

通过虚拟现实技术对真实农场状况进行仿真，可以实现高度自动化、集成化、机械化、一体化的智慧农场,全方位自动化地播种、灌溉、除虫、除草、收割,在数字孪生与农业领域相结合的未来,这便不再是不切实际的幻想。

8.2.3　区块链技术实现供应链管理

目前,食品安全问题仍处于亟待解决的状态,食品从产地到消费者餐桌需要经过收获、加工、包装、储存与运输等多道工序,在这个过程中,由于收获、加工时间掌握不好与遭遇不好天气,或使用不合格的包装材料,或储藏不当,或不合理的装运,以及收获、加工、包装、储存与运输设备与技术等众多因素,都将造成产品腐烂变质或被污染或造成破损等而产生产品安全问题,导致农产品的销量降低,同时消费者也并不能放心食用农产品。

数字孪生农场提供农产品供应链的全方位管理,使得客户可以通过扫描二维码追溯任一农产品的生长发育过程信息,确定所购农产品的品质是否符合要求。根据区块链技术,实现可供应的生产链,结合对历史数据的大数据分析结果,预测未来市场中某类农产品的需求量,结合农产品的需求量以一个固定区域为单位,根据实时反馈的本单位内外部产品需求,以及实时监测的本单位内各土地特性,合理规划出最适宜该单位内农产品种植的类型和农产品种植的面积,从而实现本单位内种植农产品的总收益最大化的目标。图8.3展示了区块链针对食品安全问题的具体应用流程架构。

图8.3　区块链在食品安全问题中的流程架构

播种时采用智能化方式自动播种,由智能检测筛选出品种优良的种子再进行全面自动化的播种,以确保农作物产品的优质性。在农产品销售完成后,客户可提供农产品使用反馈信息,该反馈信息可被农场用于进行下一轮农产品全过程的改善,通过迭代化过程实施农场的一步步改进和完善。实时监测农作物产品的生长状况,预测农作物产品的最佳收获期,并在收获时采用全面一体自动化收获的方式。

在农作物产品收获前,对农作物产品的产量进行估算,结合市场当前需求信息及市场历史需求信息，估算农作物产品的未来收入及最大化收益。在应用层，为农民提供根据农产品的情况实时计算收益最大化等应用服务。通过区块链技术对农产品从播种生长到加工制作的供应链管理，用二维码记录农产品的生长发育过程，极大增加了食用农产品的安全性，保护消费者权益，营造放心的食品安全环境。

8.3　数字孪生应用于农业领域仍存在的问题

第一，虚拟现实技术通过数字化的形式反映农场的各种信息情况，却难以把控各种植物的相互关系。由德国学者 H. Molisch 于 1937 年提出的概念他感作用（allelopathy）中认为，植物的他感作用就是一种植物通过向体外分泌代谢过程中的化学物质，对其他植物产生直接或间接的影响。这一直接或间接的影响具体达到什么程度，在目前的仿真农场中并未明确体现。

第二，人工智能技术对于自然灾害的预测较为受限，如地震、火灾、旱灾、洪灾等对农作物造成巨大的损害。自然灾害是影响农业发展的重要因素之一，自然灾害种类繁多，情况复杂，对农业生产的影响十分严重。如何在突发性灾害来临时，提高灾害反应效率，能第一时间保护农作物产品和农业经济免于受损，仍是目前的一大难题。

小　结

本文对数字孪生的起源与发展史及数字孪生使用到的关键技术做了简要介绍，结合当前数字孪生在制造业、城市、战场、农业方面的应用，科学预测了未来农业数字孪生可能的发展方向。结合数字孪生在农业领域中的应用，提出了构建数字孪生智慧农场的观点，并以此为核心，多方位细化构建数字孪生智慧农场的供应链管理流程。根据数字孪生中现有的技术，应用于农业领域种植问题、食品安全问题等痛点，充分展望了未来智慧农业的发展趋势。此外，现有数字孪生技术仍存在许多困难，针对当前数字孪生可能存在的缺陷，预测了数字孪生应用于农业可能遗留的问题。

第9章 社交媒体对数字孪生的看法以及数字孪生成熟度模型

在社交媒体平台上经常能看到数字孪生的概念讨论、如何实现数字孪生等问题,在一定程度上能反映数字孪生是一个热门话题。社交媒体提供了一个共享信息的平台,其中不乏许多有价值的信息。分析社交媒体中的数字孪生有助于剖析数字孪生技术的内涵。本章分析和回顾了 2019 年 9 月至 2021 年 7 月期间在某平台上收集的两万四千多条与数字孪生相关的媒体数据。本章将带领读者分析这些数据。此外,本章引入了数字孪生的成熟度模型,用于评估一个数字孪生系统。

9.1 数字孪生概述

数字孪生增加了系统与网络之间的连接点,这也为系统的安全增加了隐患,同时,许多数字孪生设备与物联网(IoT)相连接。物联网的信息安全问题包括嵌入式系统的授权、身份验证、隐私和访问控制等。总的来说,物联网技术为黑客们提供了一个新的网络攻击方式。一项关于物联网的调查问卷表明,使用方便(34.24%)是消费者们使用物联网设备的主要原因。虽然物联网设备可以提供很多便利,但它们的网络安全也必须得到保障。

在实施数字孪生时,网络安全并不是唯一的问题。以物联网的当前标准和架构,并没有解决不同设备间如何互相操作的问题。为物联网标准做出贡献的组织包括万维网联盟（World Wide Web Consortium，W3C）、互联网工程任务组（Internet Engineering Task Force，IETF）、互联网研究任务组（Internet Research Task Force，IRTF）、OneM2M 和 ETSI 行业规范组（ETSI Industry Specification Group for cross-cutting Context Information Management，ETSI ISG CIM）。物联网比较规范的标准包含以下服务和协议。

（1）设备描述文件，其中包含有关物联网事物的语义元数据，包括其属性和行为。

（2）资源目录，包含设备及其网络标识。

（3）受限应用协议（Constrained Application Protocol，CoAP）。通过 UDP 和其他设备通信。CoAP 使用异步传输，属于不可靠传输，但提供了重传功能。CoAP 数据报的结构如图 9.1 所示。

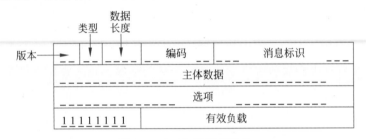

图 9.1 CoAP 数据报结构

确定设备之间的交互标准十分重要，因为数字孪生运行的生命周期可能长达数十年。在这么长的时间跨度中，数字孪生中的物联网设备可能会因故障或升级进行更换。这就要求物联网设备具有较强的性能和可扩展性，方便数字孪生进行维护。

图 9.2 为数字孪生 API 的开发框架。开发模型以目标树开始，涵盖物理实体的环境、关系和操作。框架使用测试驱动的模式，侧重于在实现代码之前创建单元测试和 UI 测试，方便随时变更需求。

社交媒体数据在许多研究调查中都很常见。社交媒体数据是公开可用的，具有时效性、多样性以及数据量大等特点。Bougie 等人的一项研究发现，他们所关注的媒体数据中有 23% 与软件工程相关，在这 23% 的数据中，62% 针对解决软件工程问题。这表明软件工程从业者经常使用社交媒体平台来了解技术趋势，为研究提供方向。

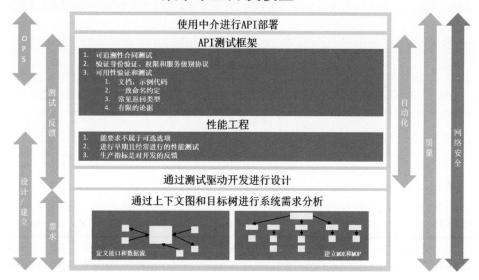

图 9.2　数字孪生 API 的开发框架

9.2　社交媒体分析方法论

本章作者通过编写 R 程序,收集了在 2019 年 8 月至 2021 年 7 月之间的 24 275 条媒体数据。数据的收集受到每日获取条数的限制,并且 R 程序对不同主题媒体数据的收集存在缺陷。虽然数据收集过程中遇到了一些困难,但收集到的数据足够进行分析。下面将详细介绍本章中分析数据使用的方法,为想要深入挖掘该领域的读者提供参考。

本研究使用基于内容的分析方法来确定媒体数据的主题。主题为经常讨论数字孪生技术的行业。通过时间序列分析讨论主题的热度,确定主题的高峰或低谷。情绪分析提供了一种量化的方法,可以了解媒体数据是积极的还是消极的。网络图对于表示媒体数据之间的关系非常有用,本章将利用网络图来表示数字孪生的行业讨论中不同技术之间的关系。当面对大量自由格式的文本时,通常采用聚类方法来归类不同主题和内容。聚类簇大小由簇内平方和(WSS)和轮廓方法确定,使用树状图描绘对象在聚类后的相似程度。这些方法将帮助分析社交数据。

9.3 数字孪生媒体数据分析

9.3.1 关于数字孪生媒体数据的时间序列分析

依据媒体数据中的日期字段,获取媒体的发布时间。最早的数据是在 2019 年 8 月 29 日发布的,最晚的一条数据是在 2021 年 7 月 31 日发布的。图 9.3 表示按照时间序列对媒体数据的分布以及趋势进行展示。通过图 9.3 可以看出,2020 年 1 月是数字孪生相关问题讨论的高峰。

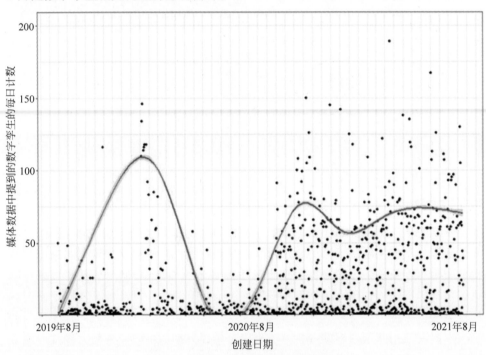

图 9.3　数字孪生媒体数据时间序列图

9.3.2 数字孪生媒体数据的无监督聚类

本章利用文档术语矩阵作为无监督聚类分析的输入。文档术语矩阵是一个对象,其中包含每条媒体数据的标识符、文本中使用的词以及词的频率。使用聚类算法搜索文档术语矩阵,并根据所用词的模式及其频率对媒体数据进行分组。使用集群内平方和(Within-cluster Sum of Squares,WSS)和轮廓方法确定要创建组或集群的数量。

WSS 方法使用迭代聚类,每次迭代增加组的数量。在每次迭代期间,集群内所有观测值与其中心之间的平方距离相加,然后将本次迭代与其他的迭代进行比较。理想的簇数通常通过视觉确定,称为"肘法"。当 WSS 在较小的 n 个簇的初始代中迅速下降并且随着 n 的增加趋于平缓时,可以直观地识别"肘部",即数据的拐点。WSS 输出如图 9.4 所示,其中在生成的第二、第四和第六个集群处出现了一些"肘部"。

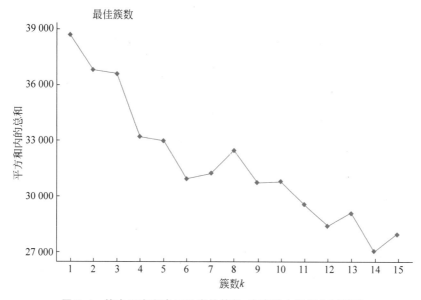

图 9.4 簇内平方和表示适当的簇数,在直线中标识为"肘部"

轮廓法用于在数据集合中找到集群的最佳簇数。该方法类似于 WSS 方法,也会迭代创建集群并进行比较,比较在集群中的观察值与相邻集群中的观察值之间的距离。作者利用 nbclust 和 factoextra 的 R 库来快速实现 WSS 和轮廓方法。轮廓法的输出如图 9.5 所示,集群的最佳簇数为 4。

在执行文本分析和层次聚类时,另一个比较常用的数据可视化方法是采用树状图。在计算并展示文档术语矩阵之间的距离时,经常会创建树状图。树状图的问题在于,不能展示类别较多的数据。如果类别过多,树状图会变得非常密集,不利于分辨。由于树状图不能很好地展示大量的数据,随机抽取了原始数据中 1% 的样本。同时,树状图可以使用许多不同的形状,例如,树形图、圆形等,本节使用了系统发育形状(见图 9.6),这种形状常常用于展示生物学和物种的进

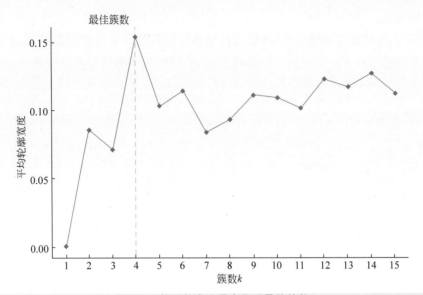

图 9.5　使用轮廓法得出集群最佳簇数

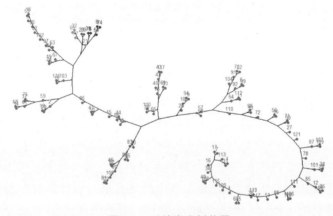

图 9.6　系统发育树状图

化过程。

　　从提及频率最高的前四个集群中提取关键词，从第一个集群中提取的排名前七的关键词为：物联网、人工智能、工业用途、合作、虚拟世界、新奇、数据。

　　剩下的三个集群提供了另外三个关键词：机器学习、区块链和增强现实。图 9.7 的词云图中展示了出现频率最高的关键词，包含许多热门概念。

图 9.7 聚类中出现频次最高的词云图

9.4 通过行业分析媒体数据

对媒体数据内容的分析锁定了数字孪生应用的热门行业,如图 9.8 所示。

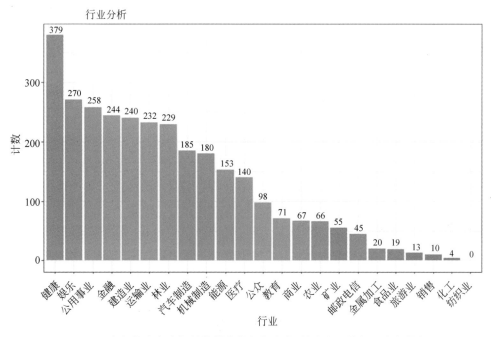

图 9.8 在与数字孪生相关的媒体数据集合中,健康行业的提及次数最多

对媒体数据中的情绪进行分析是一个有趣的研究方向。本章的情绪分析将按行业进行分类,利用 NRC 词典来标记媒体数据的情绪。

大多数媒体数据被标记为健康和娱乐行业(如图 9.8 所示)。与娱乐行业(8.7％)相比,使用表达期望语气的媒体数据更有可能属于健康行业(31.0％),该概率由朴素贝叶斯算法确定。图 9.9 为朴素贝叶斯中参数的解释。表 9.1 确定了所有行业类别的情绪参数。

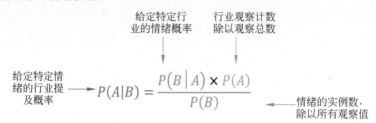

图 9.9　朴素贝叶斯方程

表 9.1　按行业分类的情绪参数

行业	愤怒	期待	厌恶	害怕	愉悦	消极	积极	伤心	惊喜	信任	总计
农业		13		1	11		42			8	75
汽车	1	1		1	1		8			8	20
商业		20		2	6	5	46		3	19	101
建造	7	25	2	7	11	11	165	1	4	56	289
教育	3	18	1	2	11	2	62	1		16	116
活力	2	9	1	2	21	6	75	2	1	29	148
娱乐		44		50	38	45	137		43	1	360
金融	6	22	1	7	17	4	80		11	33	181
食物	2	6		4	1	8			4	25
林业	10	33	4	10	30	7	120	3	9	64	290
健康	18	157	4	137	14	11	255	19	3	162	780
酒店		2		3	1	5	1		3	15
机械制造	1	5		7	3	22		2	10	50
媒体		4			6			1	11
金属	1	2		2	5	1	14		2	1	28
矿业	3	4		5	7	4	47		2	21	93
邮政/电信		4		8		30		7	8	57
民众	1	23		7	7	5	49		2	8	102

分类模型的这个训练数据集中,780 条媒体数据引用了健康话题,157 条与预期相同。健康行业预期情绪(图 9.9 中的 A)的条件概率(图 9.9 中的 B)计算过程

如下。

第一步：计算数据引用农业行业且情绪积极的条件概率。

$$P(情绪 | 健康) = 157 \div 780 = 0.201$$

计算结果表明，如果给定一条与健康相关的数据，情绪积极的条件概率为20.1%。此外，还需要计算 $P(B|A)$ 和先验概率的乘积。

第二步：计算包含健康行业的数据个数除以总数据集个数，得出一条数据为健康行业的概率。

$$P(健康) = 780 \div 3411$$
$$P(健康) = 0.229$$

第三步：计算数据集中出现情绪预期的概率。

$$P(情绪) = 507 \div 3411$$
$$P(情绪) = 0.149$$

如果知道数据预估的情绪，则可以确定一条数据在健康行业的后验概率。

第四步：计算该条数据涉及健康行业的后验概率。

$$P(健康 | 情绪) = 0.310 = \frac{0.201 \times 0.229}{0.149}$$

根据计算结果，与娱乐行业相比，该条数据提及健康行业的可能性更大（31.0%）。可以使用表 9.2 中的输出列表来确认条件概率。

表 9.2　给定行业情绪的条件概率

行业	愤怒	期待	厌恶	害怕	愉悦	消极	积极	伤心	惊喜	信任
农业	0.000	0.173	0.000	0.013	0.147	0.000	0.560	0.000	0.000	0.107
汽车	0.050	0.050	0.000	0.050	0.050	0.000	0.400	0.000	0.000	0.400
商业	0.000	0.198	0.000	0.020	0.059	0.050	0.455	0.000	0.030	0.188
建造	0.024	0.087	0.007	0.024	0.038	0.038	0.571	0.003	0.014	0.194
教育	0.026	0.155	0.009	0.017	0.095	0.017	0.534	0.009	0.000	0.138
活力	0.014	0.061	0.007	0.014	0.142	0.041	0.507	0.014	0.007	0.196
娱乐	0.000	0.122	0.000	0.139	0.106	0.125	0.381	0.000	0.119	0.008
金融	0.033	0.122	0.006	0.039	0.094	0.022	0.442	0.000	0.061	0.182
食物	0.080	0.240	0.000	0.000	0.160	0.040	0.320	0.000	0.000	0.160
林业	0.034	0.114	0.014	0.034	0.103	0.024	0.414	0.010	0.031	0.221
健康	0.023	0.201	0.005	0.176	0.018	0.014	0.327	0.024	0.004	0.208
酒店	0.000	0.133	0.000	0.000	0.200	0.067	0.333	0.067	0.000	0.200
机械制造	0.020	0.100	0.000	0.000	0.140	0.000	0.440	0.000	0.040	0.200
媒体	0.000	0.364	0.000	0.000	0.000	0.000	0.545	0.000	0.000	0.091

续表

行业	愤怒	期待	厌恶	害怕	愉悦	消极	积极	伤心	惊喜	信任
金属	0.036	0.071	0.000	0.071	0.179	0.036	0.500	0.000	0.071	0.036
矿业	0.032	0.043	0.000	0.054	0.075	0.043	0.505	0.000	0.022	0.226
邮政/电信	0.000	0.070	0.000	0.000	0.140	0.000	0.526	0.000	0.123	0.140
民众	0.010	0.225	0.000	0.069	0.069	0.049	0.480	0.000	0.020	0.078
船运	0.000	0.333	0.000	0.000	0.000	0.000	0.667	0.000	0.000	0.000
运输	0.022	0.181	0.007	0.014	0.018	0.040	0.567	0.018	0.043	0.090

可以看出，若一条媒体数据涉及食品行业，该数据包含情绪是愤怒的可能性为8.0%。汽车领域很少发现厌恶情绪，林业领域中出现厌恶情绪的概率最高（1.4%）。

接下来使用网络图直观地识别关系（见图9.10）。在分析的过程中，并非所有的媒体数据都提到了热门行业，例如，食品和酒店行业。在图9.10中，行业结点为浅灰，热门行业结点为深灰，这些标签之间的关系用线连接。可以看出建筑行业的媒体数据包含大多数的热门行业。

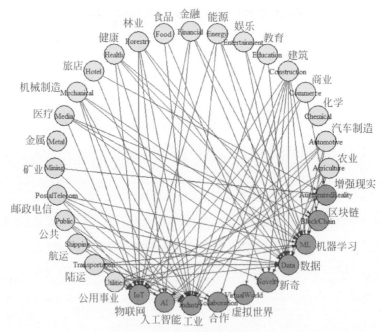

图9.10　行业与趋势关系的网络图

9.5　成熟度模型

9.5.1　成熟度模型的背景

虽然已经了解了数字孪生的定义,确定了与数字孪生相关的热门行业,但还没有定义什么是好的数字孪生。为了确定数字孪生的好坏,需要进一步探究。为此,本章作者研究出了数字孪生成熟度模型。

成熟度模型帮助人们在认知学科的过程中鉴别其能力。使用成熟度模型判断当前状态和目标状态之间的距离。同时,成熟度模型能够告知组织及团队当前的能力和准备情况。通常使用问卷将能力或系统能力放在成熟度模型上,作为自我评估。使用成熟度模型评估工作评估关键绩效指标(Key Performance Indicators,KPI)定位组织和系统能力。

当需要成熟度模型时,通常有两种选择:第一个选项是使用通用模型,第二个选项是使用问题域构建特定的成熟度模型。要构建特定模型,必须考虑五个因素:背景、概念、专家意见、调查和定性研究。

9.5.2　数字孪生的成熟度模型

为数字孪生创建成熟度模型需要定义使用该模型的好处。Kluth 等人将成熟度模型描述为评估业务流程的过程;Kohleger 等人将成熟度模型描述为代表能力增长不同阶段的模型。数字孪生的成熟度模型是一种工具,也是一个过程,可通过其来衡量从数字孪生中获得的收益。

确定收益后,创建成熟度模型的下一步是确定数字孪生的特征和参数,沿着高收益的路线前进。目前已有学者建立了一些基本的参数:组织的治理、支持性技术、连通性、价值产生的能力。成熟度模型通常表现为对人员/文化的高度关注,包括技能、组织结构、流程,以及技术。

工业 4.0 的现有模型可以为数字孪生成熟度模型提供信息。工业 4.0 描述了人员、物体和设备的集成,以实现制造业的灵活性和自主决策。工业 4.0 可以描述为从机械制造为主向数字制造为主的转变。若将数字孪生应用于工业当中,它将成为工业 4.0 中不可或缺的一部分,这是由于数字孪生拥有如下的技术和原则。

(1)可变性。制造设备和产品不断发展,具备变革能力。

(2)分散决策。智能工厂系统由多个智能设备组成,自主的智能系统可以控制单元设备。

（3）互操作性。当系统或环境发生此类变化时，组件需要更新以适应变化。因此，设备的互操作性将是必要的。

（4）实时反应。智能组件可以通过传感器和执行器等设备进行实时修正。

（5）模拟。可以模拟传感器和执行器等物联网设备，将智能系统的行为虚拟化。

其他对工业 4.0 至关重要的热门技术包括大数据、云、增量制造、AR、机器人技术等。物联网技术是这些技术的基础，为系统提供大量数据和机器人设备。工业 4.0 工厂的数字孪生是这些技术的组合。一个成功的数字孪生不会简单地被其他组织复制，但是，成熟度模型可以帮助数字孪生沿着实现这些目标的方向前进。

目前已有许多不同的成熟度模型。其中一些模型是广泛适用的，并非特定于数字孪生模型，例如，CMMi 模型。有些成熟度模型对数字化的关注度更高，这些模型与数字孪生的相关性更高，例如，SMSRA 和 M2DDM 模型。表 9.3 描述了目前比较常用的成熟度模型，并进行简单介绍。

表 9.3 成熟度模型和描述示例

成熟度模型	简　　介
数据驱动制造成熟度模型（M2DDM）	数据驱动制造成熟度模型（M2DDM）包含六个成熟度级别（从级别 0 开始）。第 4 级是数字孪生，其特点是智能系统、分散决策和集中智能，使人类保持在循环中
智能制造系统评估（SMSRA）	智能制造系统评估（SMSRA）为制造工厂提供了能力参考模型
C3M	C3M 模型在基于 IT 的案例管理系统（CSM）的三个阶段中提供了五个成熟度级别
能力成熟度模型（CMMI）	能力成熟度模型（CMMI）将技术和流程作为评判基准。CMMI 包括初始阶段、重复阶段、定义阶段、管理阶段和优化阶段
测试成熟度模型集成（TMMi）	TMMi 使用与 CMMI 相同的结构，帮助组织衡量和改进他们的软件测试过程
工业 4.0/数字化运营自我评估	PWC 将能够自我组织的工业 4.0 作为目标，并提供了工厂间的比较方法
互联企业成熟度模型	由罗克韦尔自动化创建的成熟度模型提供了在运营技术和信息技术层面实现技术现代化
数字化路线图	西门子的数字化路线图旨在帮助公司实现业务转型

好的成熟度模型能够分割系统，调整工作的优先级。Parente 和 Federo 建议去除成熟度模型中因果关系的联合性、等价性和不对称性。不对称是因果关系的一种特征，会导致组织对模型的准确性产生怀疑。当模型中存在等价性时，组织将不

再采取存在风险的措施,因为收益太低。联合性阻碍创造价值,直到所有相关的系统全部成熟后,才创造价值。如果联合性分布在不同的成熟度级别,则在达到更高的成熟度级别之前,成熟度较低的系统不会产生实际价值。综上,成熟度模型不应受到联合性、等价性或不对称性的影响。

Basl 的 ERP 4.0 成熟度模型在业务模型、技术、数据和流程维度上分为六个级别。为了构建模型,Basl 调查了当前比较热门的数字孪生系统,并根据从调查中发现的热门技术添加到成熟度模型汇总。调查确定的热门技术包括云、物联网、区块链、数字孪生、边缘计算、人工智能、大数据、社交网络和 AR/VR 等。这些热门技术与本章通过社交媒体分析的热门技术非常相似。表 9.4 展示了 ERP 4.0 的一部分。

表 9.4　ERP 4.0 成熟度模型

等级	描　　述
0	传统的 RDBMS,具有基本的 ERP 流程自动化,没有采用云
1	系统包含自动化和数字化
2	系统更加复杂,数字化程度更高
3	增加云服务,能够进行智能商业工作,系统运行更加自动化
4	系统使用物联网集成,添加数字孪生
5	所有设备在云端部署,所有业务流程自动化

数字孪生成熟度模型的建立使用特征、专业知识、调查(社交媒体分析)和定性研究,学术研究成果、商业解决方案以及社交媒体分析作为数字孪生成熟度模型的输入。本章借鉴了 Basl 的方法,用热门技术在系统中的熟练程度来确定成熟度级别。虽然模型并不是最终版本,但 Basl 的方法确实提供了公众舆论的洞察渠道,调查结果如图 9.11 所示。

根据图 9.11 的调查结果,能够得出与之前根据媒体数据研究没有包含的技术,例如,去中心化和互操作性。

接下来介绍本章作者提出的数字孪生成熟度模型。该模型是根据文献综述、社交媒体分析以及现有成熟度模型共同构建的。数字孪生成熟度模型由六个级别组成:最初的、管理、融合、身临其境、完全自主和无处不在(如图 9.12 所示)。

第一级别,也是最低成熟级别,代表初始的数字孪生。初始数字孪生的洞察范围是有限的,只包含系统中的少数零件和组件,不提供集成操作,也不保证安全。第二级别,代表管理层面的数字孪生。数字孪生包含一个优先执行图,各个系统组件互相连接并在系统级别扩展。第三级别,代表融合的数字孪生。设备间能够互相

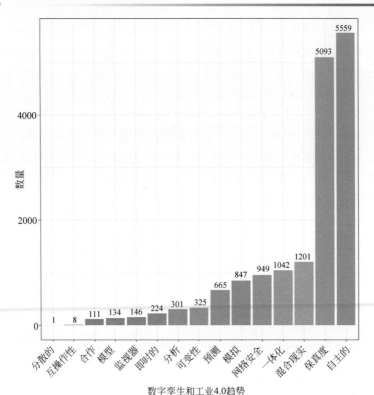

数字孪生和工业4.0趋势

图 9.11　在社交媒体分析中不同趋势的数据数量

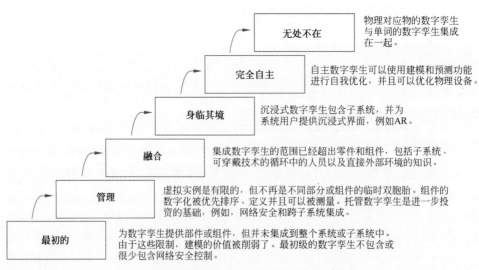

图 9.12　数字孪生成熟度模型的六个层次

操作,同时数字孪生可以对子系统进行建模、监控和预测。第四级别,代表身临其境的数字孪生,可以使用增强现实或虚拟现实等沉浸式界面操作系统设备。第五级别,代表完全自主的数字孪生,包含网络安全系统、继承系统和自我管理系统,能够进行自我控制和优化。第六级别,代表无处不在的数字孪生,要达到这个级别需要进行大量的投资和技术创新。实现无处不在的数字孪生需要对整个物理世界进行建模、分析和预测,包括全球的天气系统、政治系统和社会现象等。表9.5对数字孪生每一级成熟度的功能进行了说明。

表9.5　六个级别功能的简短描述

能　　力	说　　明
最初的	在这个成熟度水平上,数字孪生可以对系统的一部分或几个组件进行建模。数字孪生可以通知人类操作员并提供协作的观点。它远非智能或自主能力
管理	数字双胞胎通过增加集成接触点和使用传输、存储和处理中的数据来增加网络安全风险足迹。托管数字孪生的衡量标准是其保护自身和物理资产的能力。托管数字孪生已经超越了零件的临时仪器,进入了包含网络安全问题的优先路线图
融合	一个复杂的系统由许多系统和子系统组成。在这个级别,数字孪生将所有目标数据源合并到物理对应物的统一虚拟实例中
身临其境	此级别的数字孪生提供具有 AR 或 VR 功能的现代沉浸式界面。除了监控组件之外,沉浸式界面还可以提供组件的模拟体验
完全自主	一旦数字孪生被集成,它可能会变得智能或优化,而无需人工控制界面的决策
无处不在	十分复杂的系统,包含万物。无处不在的物理资产数字孪生将与物理世界的数字孪生(例如气候模型)集成。这种成熟度需要投资和集成,组织将在未来几年内将其纳入实施范围

小　结

本章介绍了社交媒体分析得出的有关数字孪生技术的一些发现,并提出了一种新的成熟度模型。根据社交媒体数据分析,前三大热门领域为物联网、人工智能和工业领域。

对媒体数据进行了情绪分析,并按照行业类型进行比较。若一条媒体数据涉及食品行业,其情绪是愤怒的可能性为 8.0%。汽车行业出现对数字孪生产生信任感的概率最高,很少发现消极情绪。林业领域中对数字孪生表现出厌恶的概率最高(1.4%)。

使用网络图来直观地识别关系。在获取的媒体数据中,并非所有与数字孪生相关的媒体数据都引用了热门行业。提及食品或酒店行业的媒体数据与热门行业几乎没有关系。

为了帮助组织确定数字孪生的价值水平，进一步改进和加强开发过程，建议使用数字孪生成熟度模型。数字孪生成熟度模型由六个层次组成：最初的、管理、融合、身临其境、完全自主和无处不在。为了更好地完善成熟度模型。未来应侧重于针对具体案例的研究，在案例中实施成熟度模型，评估其在各个阶段取得的收益。

第10章 元宇宙综述

10.1 元宇宙和交互技术

2021年,元宇宙这一概念引爆全球,它被认为是数字孪生的终极形态。为了展望数字孪生的未来发展,需要对元宇宙有一定的了解,引导读者畅想数字孪生的未来。同时,随着元宇宙这一概念的提出,虚拟现实、增强现实等虚实交互技术再一次成为当下的热门技术。元宇宙的交互技术主要由六大部分构成,分别为:VR虚拟现实技术、AR增强现实技术、MR混合现实技术、全息影像技术、脑机交互技术以及传感技术。这六大技术为元宇宙中的用户之间的交互,以及用户与元宇宙中其他元素交互提供了技术支持。

在说明这六大技术之前,有必要先说明一下目前公认的人机交互的三大发展阶段。

第一阶段:用户和智能设备的交互方式主要是通过鼠标以及触控来实现的,如通过鼠标键盘操控计算机、通过触摸屏操控手机等。

第二阶段:语音成为用户与智能设备的主要交互方式,如目前智能手机上的语音操作,百度系列产品的小度小度、小米的小爱同学、苹果的 Siri,等等。

第三阶段:与前两个阶段不同,前两个阶段主要提升了用户与机器交互的便捷性,第三阶段重点在于提升用户的沉浸式体验。在此阶段比较着重 VR、AR 等虚实交互技术的发展,提高用户的使用感受,搭建沉浸式虚拟现实体验阶梯。

由此可以看出,交互技术的发展是一个不断进行迭代升级的过程,也是一个不断深化用户感知交互的过程,通过交互技术的不断迭代升级,在未来的元宇宙中,用户将有机会体验自己的第二人生。

10.1.1　虚拟现实技术

VR 技术可以为元宇宙用户提供一种身临其境的体验。用户可以通过戴上头显，沉浸在 360°的虚拟世界中并在其中进行各种交互操作。

目前主流的 VR 头显主要有 Oculus、HTCVive、Pico 等，早在元宇宙这一概念提出之前，虚拟现实技术就已经有了广泛应用：如在 2015 年的圣诞，可口可乐公司通过使用 VR 设备让人们扮演圣诞老人，在虚拟世界中驾驶雪橇车游历整个波兰并像圣诞老人一样分发圣诞礼物。

当下 VR 主要还是应用在游戏中，Steam 游戏平台上有很多游戏已经支持 VR 游玩模式，可以给用户提供最真实的 3D 场景感受。但是，VR 游戏也不是一定比传统游戏更优秀，因为 VR 头显对眼睛的压力比传统游戏更大，游玩时间过久会出现眼睛疲劳、头疼等问题。

10.1.2　增强现实技术

AR 技术是一种通过实时地计算摄影机影像的位置及角度并加上相应图像，将真实世界信息和虚拟世界信息集成的新技术。用户可以通过 AR 技术同时观测到现实与虚拟世界，举个例子，手机上的各种美颜相机和短视频或者直播 App，可以自动识别人脸并且将"挂件"如帽子、兔耳等装饰叠加于用户的头部，使得"真实的"人脸与"虚拟的"装扮同时出现，这就是增强现实的一种典型应用。

在元宇宙的世界中，AR 头显可以以现实世界的实体为主体，借助数字技术帮助用户更好地探索现实与虚拟世界。

10.1.3　混合现实技术

MR 技术通过在现实场景呈现虚拟场景信息，在现实世界、虚拟世界和用户之间搭起一个交互反馈的信息回路，以增强用户体验的真实感。通过混合现实这一技术，可以实现虚拟和现实世界的对象的双向交互。

从效果来说，MR 的效果与 AR 是十分相近的，但是 MR 相对于 AR 来说，效果更为真实。但是，MR 设备还处于开发状态，目前市面上并没有成熟的 MR 显示设备。然而，一旦开发出 MR 头显设备，就可以将虚拟物体置于现实世界中，让元宇宙用户可以在现实中与虚拟物体进行互动。

10.1.4　全息影像技术

全息影像技术是利用干涉和衍射原理来记录并再现物体真实的三维图像的技

术。这是继 VR 后的又一新突破，尽管这项技术还远未达到成熟阶段，但通过全息影像技术，元宇宙用户可以不用佩戴任何设备，仅凭裸眼就可以实现虚拟与现实之间的交互。

目前的全息影像技术主要应用领域在婚礼、餐饮以及展览展厅等方面，目的主要是为了给游客带来较为沉浸式的体验，距离能够实现元宇宙的虚实交互还有很长一段路要走。

10.1.5　脑机交互技术

BCI 是指借助外部设备使大脑可以直接控制外部机器，尽管这一技术自 20 世纪 90 年代就开始提出并初步开始研究，但是由于伦理等问题，BCI 技术的实验一直处于动物实验阶段，想要获得人体实验的资格比较困难。

因此，这项技术还远未成熟，但人们并未放弃对脑机交互技术的探索。2019 年 8 月，美国马斯克旗下的 Neuralink 公司发布了一个脑机接口，这种接口属于侵入式接口，需要通过外科手术，将接口设备植入到受试者大脑皮层，接收大脑皮层的电生理信号，并发给外部接收设备，外部设备把收集好的信号通过计算机的算法进行处理，并解释其中的含义，与受试者想要的运动或动作对应起来，并最终完成大脑-机器的完整控制。

一旦这项技术得到完善，用户在元宇宙中就可以实现真正意义上的实时思维控制交互，而无须像传统交互方式一样还需要手柄等外接设备辅助交互。

10.1.6　传感技术

传感技术，顾名思义就是传感器相关的技术，主要由传感器负责感知各种环境因素，如气体感知、光线感知、温湿度感知等，将各类物理数据转换为计算机数字信号，交给处理器处理后，最终结果形成气体浓度参数、光线强度参数、温度湿度数据等显示出来。

元宇宙对传感技术提出了更高的要求，为了能使用户获取更加真实的元宇宙体验，传感器不仅要感知用户的各种动作，还需要将虚拟世界中的各种感觉反馈给用户，这是对虚拟现实技术的进一步补充，弥补了虚拟现实技术只能在视觉上探索虚拟世界的不足。

10.2　元宇宙中的区块链

包括区块链等新技术是保证确权的技术支持，也是构建虚拟世界产业的基石。

作为一个庞大的平台，元宇宙的去中心化传递问题和协作问题能否解决非常关键，而区块链技术可以解决因中心化产生的垄断问题。区块链技术提供了去中心化的清结算平台，智能合约、NFT（Non-Fungible Token）、DeFi（Decentralized Finance）的出现保障元宇宙的资产权益和流转。在元宇宙的价值归属及流转的保护方面，区块链为此供给了去中心化的清结算平台和价值传递机制，进而保证其中经济方面的平稳和高效率，保证准则的透明和决定性执行。去中心化的虚拟资产可以跨平台流动，远离内容本身，变得更"真实"。

经历了游戏本身、网络与显示的升级，一个完美的、逼真的游戏世界依旧是游戏，融合区块链才能对其升维。区块链可以保护用户的虚拟资产权益和虚拟身份的安全，实现价值交换，保证准则执行透明。因此，玩家不会像传统游戏那样被游戏策划带着走，而是真正将"游戏"提升为"体验"。

Roblox 的异军突起让大家看到游戏作为元宇宙载体的价值，但尚未意识到元宇宙需要"价值传递"。作为元宇宙的关键组件，区块链可以承担元宇宙的价值传输功能，即将虚拟资产与虚拟身份去中心化，并保证其安全。目前，区块链在本地虚拟资产所有权确认和金融领域提供了稳定、高效率的最佳解决方案。Decentraland 是一款区块链游戏，游戏中的资产、土地是以 NFT 的形式存在，可以自由地流转、交易，进行金融操作。区块链游戏在经济系统上更为接近元宇宙的形式。

NFT 提供虚拟物品确权，推动虚拟产品产权确认及交易。NFT 技术即非同质化代币，是区块链技术的一种应用。简单来说，非同质化代币可用编号或元数据来进行区分，从而实现数据的唯一标记。目前主要的应用标准之一是以太坊的 ERC-721 标准，此外还包括 ERC-1155、ERC-998 等。标准的存在意义在于，各个程序在编制时符合这些标准从而可以在支持这种标准的不同产品内使用。在这些标准上开发了 The Sandbox 和 Decentraland 等虚拟世界游戏。在这些游戏内的虚拟物品具有自己的 NFT 标记，并通过区块链技术使得这些标记具有不可篡改性，从而实现游戏内物品的确权，并产生了虚拟艺术品标记。

助力元宇宙的可互操作性。通过将游戏中的物品和设定去中心化地存储在区块链上，玩家可以真正拥有其虚拟财产，将它们带到不同的游戏世界。也就是说，不同项目的虚拟资产可以在项目之外交易。Decentraland 中的游戏资产和地块不仅可以在项目内部平台进行交易，还可以在其他平台交易。OpenSea 成立于 2017年，是第一个 NFT 综合交易平台，也是目前交易量最大的 NFT 综合交易平台。OpenSea 目前有超过 10 万登记用户，超过 1500 万件 NFT 商品，总交易额超过3.5 亿美元。与传统的虚拟资产交易平台不同，OpenSea 并不限制资产的项目来源,无论是 Cryptovoxels 中的土地、Axieinfinity 中的装备,只要是区块链上的 NFT 资产,就可以在此平台上交易。OpenSea 也能轻松分发自己拥有的数字资产,平台能存储和 NFT 化用户上传的图片、视频和 3D 模型等。

另一方面,区块链中完整的 DeFi 生态,在元宇宙中能为其提供一套安全可靠的金融体系。在虚拟资产的各个方面,包括证券化、抵押借贷和保险等,为用户提供较低的成本和门槛,以及高效率的金融服务。用户的虚拟资产与实物资产一样,享受金融服务,进一步强化了虚拟商品的资产属性。通过稳定的虚拟产权和丰富的金融生态,元宇宙的经济系统将具有现实世界一般的调节功能,市场将决定用户劳动创作的虚拟价值。

由于加密货币市场的波动和政策的影响,Defi 项目目前的总锁定量稳定在 10 亿美元左右。基于区块链技术的流动性转换和智能合约将更有效地支持未来的元宇宙经济体系,并将在元宇宙发展的中长期阶段取得重大进展。

区块链是支持元宇宙最终形式的底层协议,而 NFT 将进行资产加密化,背靠区块链技术,使其百分之百不能被伪造,从而保证数字艺术品的可靠性。影响 NFT 资产价格的唯一因素是市场供求关系。基于区块链设计建立的 Defi,能够像积木般排列组合。利用区块链技术,传统金融服务中的所有“中介”角色都被代码所取代,从而最大限度地提高金融服务的效率,最低化成本。

通过在区块链上建立的协议或生态系统,创作者可以通过自由竞争获得合理的报酬,消费者也可以获得充分的保护。

区块链技术可以为元宇宙提供价值转移解决方案。区块链技术已经从单一的去中心化账本应用发展到虚拟时空的价值传递层。目前,它已经实现了一个虚拟世界中的价值传递模式。随着开源应用生态和创新商业模式的出现,区块链应用迅速成长和兴盛,在世界各地掀起了快速迭代的浪潮。在过去几年中,加密资产经历了重大的价格波动。主流社会对区块链技术和代币持有不同的态度。然而,单就创新而言,智能合约、自动做市商机制、跨链和双层网络层出不穷。从比特币到以太坊,再到近期的 Defi 和 NFT,作为跨时空清结算平台,区块链的高效性无可比拟。

10.3 元宇宙与人工智能技术

随着元宇宙概念股的强势增长,脸书更名为 Meta,元宇宙的概念重新掀起了热潮,并且从较大程度上突破了概念的束缚,有望在未来实现真正的落地。人工智能近年来的迅速发展,成为计算机科学的核心分支。其本质上的含义是对人的智能进行模拟的方法，同时也会从一定程度上对人的智能进行延伸与拓展。人工智能就是针对以上内容进行研究、开发的一类新兴技术科学。随着 AI 技术进化、VR 硬件成熟已进入身临其境的阶段，搭配其他等多种技术，共同推动元宇宙的具体实现。

人工智能技术逐渐成为社会发展的重要技术基础，各行业通过不断引进相关技术，在促进生产效率提升的同时，创造更高收益。在如今的疫情影响下，各国更是加强人工智能技术的推广使用，保障社会发展稳定进行。5G 相关技术的不断发展，将 5G 时代推向了成熟，这也为各行业各领域的持续发展提供了更多机会。人工智能技术的应用可以实现高效生产，创造更高的收入。当前，人工智能相关产业是引领经济发展的重要战略起点，为经济发展不断提供新的战略动力，为了在竞争激烈的市场中抓住先机，智能化技术已成为重要的"武器"。

人工智能可以作为元宇宙启用、填充和支撑的有力工具。它将驱动元宇宙的所有的技术层：在空间构建与基础计算层面，人工智能相关技术提供全方位的驱动力；在创作者层面，人工智能技术可以提供基础框架，辅助相关架构的搭建；同时，人工智能为元宇宙提供了全新的智能化表达形式。AI 在协助日常工作，协助检查、测试、编码，甚至自动生成整个故事片段等实际工作中已经有了广泛的应用。随着越来越多的人接触到智慧化工作或智能化软硬件，AI 扮演的角色越来越重要，给人类工作提供高效便捷的处理方式，将工作过程中枯燥、重复或困难的任务自动化。AI 系统将从元宇宙中先前的示例和模式中学习，并使用学到的信息来协助新的创作过程。随着时间的推移，AI 系统的逐步发展，将会构建更为智能化的元宇宙。

在这一部分中，将会全面阐述目前先进 AI 技术的内涵与成果，从多方面技术探讨为何 AI 可以作为元宇宙构建的有力工具。

10.3.1 计算机视觉：为元宇宙的构建提供虚实结合的观感

AI 中的深度学习方法是多个领域中最先进的机器学习技术，其中，计算机视觉是最突出的案例之一。计算机视觉是指结合摄像设备和计算机软硬件设施来实现对人类视觉的仿真，从而帮助对目标的识别，同时实现静态或动态的追踪，对相关数据的测量等一系列操作，借助以上手段对识别图像进行按需处理，从而使经过计算机处理后的图像更适合人眼观察，同时也更便于传输到检测设备直接进行图像数据的检测。计算机视觉中的一些关键任务，如对象监测、人脸识别、动作识别、人体姿态捕获等相关视觉任务，在以深度学习为基础的技术帮助下，打破了传统计算机视觉的固有模式。在元宇宙中,计算机视觉是数字孪生建模的底层技术,硬件设备传感技术的底层支持。

10.3.2 机器学习:强大的技术支撑工具,完善元宇宙运行效率与智慧化发展

人工智能近年来的迅速发展,源于其中机器学习分支的发展,并且机器学习逐渐成为核心地位,是使计算机走向更加智能化发展的根本途径,机器学习的各个方法被应用于人工智能的多个领域。其主要的根本应用方法与以往的演绎方法不同,更多的是使用归纳总结与知识综合作为底层方法。传统计算机的工作方式主要是根据不同人所给出的不同指令进行相应的操作,工作方式较为被动。机器学习方法则从根本上对传统方法进行了改善,通过计算机首先接收到大量与多源数据的输入,再通过机器自身根据所需从其中总结出规律,再通过一些测试数据或方法进行规律的验证,最后根据总结规律与相应验证得出一般性结论,由此可以实现计算机对于类似问题的自主解决。对于这一过程中出现的误差或偏移,计算机会自主进行纠错。机器学习智能化的工作与发展方式,为元宇宙中的所有系统和角色提供技术支持,同时提高了元宇宙中虚拟世界的智能化,使其达到甚至超过人类的学习水平,可以从较大程度上优化元宇宙的运行效率,同时推动虚拟世界的秩序化构建与智能化发展。

10.3.3 自然语言处理:保障元宇宙主客体之间的准确理解与交流

在元宇宙中,不同系统角色之间的交互势必存在着语言的障碍,需要进行语音交流的处理,促成准确的沟通和理解。自然语言处理是人工智能和语言学领域的分支学科。此领域探讨如何处理及运用自然语言,自然语言处理包含多方面的应用,针对特定应用又有特定的处理步骤,一般步骤包括认知、理解、生成等。自然语言处理的含义是通过计算机将输入的语言转换为更易于理解的符号或关系,然后根据需求与最终目的再进行进一步的优化。而自然语言生成系统的主要功能则是将计算机的输入数据转译为自然语言。在庞大的元宇宙中,不同系统和不同语言的人需要通过语言处理才能无障碍沟通。对于元宇宙中基本的主客体之间,以及主客体与系统之间的沟通交流,自然语言处理技术确保了沟通上的有效性,同时也提高了效率。

10.3.4　智能语音：元宇宙中语言沟通支撑工具，实现元宇宙中用户的语言识别与个体交流

近年来，越来越多的应用型交互场景的增加，推动智能语音交互成为人工智能领域最成熟同时也是落地最快最广泛的技术之一。语音交互越来越受大众与社会的欢迎，从源头上看是因为目前互联网与智能化软硬件设施的应用增加，这较为直接地改变了互联网的接入手段，其中语音作为最基础的交互方式，同时也是最简单、最直接的交互方式，输入模式的通用性是主要优势。语音的智能化发展是顺应了社会发展的大趋势，满足了智慧城市发展的大需求，解决了众多领域中对于语音智能化应用的根源性问题。由此可见，对于元宇宙中人类个体之间的必要性沟通交流，以及个体与虚拟世界整体的通信，智能语音是有效支持手段。

随着计算机算力的提高，大规模、多样化的数据处理在算力时代已不再是难题，对于目前的人人交互、人机交互、机器与机器互联，都是底层环境的沟通方式，这里的底层环境也是促进虚拟与现实互通的基础背景。人工智能的发展，结合以底层数据为基础的信息交互，同时在多种技术的验证下，都促成了元宇宙实现的必然性，不再是仅限于概念层面。

10.4　元宇宙和网络及电子游戏技术

电子游戏技术也就是通常所说的电子游戏，它指的是所有基于硬件设备及平台的交互游戏。按运作媒体分为五大类：主机游戏、掌上游戏、街机游戏、PC游戏和移动终端游戏。电子游戏如今已变成了大多数人的娱乐消遣方式。因为元宇宙是需要AR、VR等设备（将来可能会更加高级）进入虚拟场景，而且AR、VR等设备大多用在游戏上，所以，现在元宇宙的发展首先是游戏的发展，并且元宇宙的最终呈现方式或许就是游戏。虽然游戏是元宇宙比较重要的呈现方式，但是绝不是说游戏就等同于元宇宙。首先，游戏自诞生起，会经过发展、高潮、衰落，直至覆灭的过程，但元宇宙作为现实世界的映射，应当同现实世界一样将会一直发展下去；其次，游戏的一切是由游戏开发商及拥有者来决定，但元宇宙一定是去中心化的；再者，元宇宙是一个广泛的概念，但是游戏只能局限在游戏里；元宇宙是一个生产性的系统，用户可以在这里面工作、创造价值，但游戏是消费性的，并不直接创造财富。

所以本节将围绕元宇宙调研电子游戏技术，并讨论这些技术在原宇宙的发展过程中将起到的作用。

10.4.1　游戏引擎：为元宇宙各种场景数字内容提供最重要的技术支撑

电子游戏技术中最主要的技术就是游戏引擎，游戏引擎是一种软件架构或者用此类架构开发的软件，游戏引擎可以帮助开发者们开发游戏，也可以扩展到难以维护和开发的大型复杂项目，如 Unity、Fornite、Epic、Valve、乾坤代码等，这些游戏引擎提供了各种各样的功能，旨在为具有不同编程和图形背景的游戏开发者提供各种功能，如 3D 可视化、基于物理的运动响应、声音、人工智能以及可交互的图形用户界面等，游戏引擎这些功能的应用，可以使开发进程加快，游戏开发者需要使用游戏引擎提供的各种应用程序编程接口来达到预期的效果。

元宇宙的呈现方式是现实世界的数字化模型，像 Unity 这样的现代游戏引擎允许用户轻松快速地创建包含地形、自然和人工对象的逼真 3D 环境。此外，最近游戏引擎功能的进步使虚拟现实(VR)兼容性的实现变得轻而易举，与 VR 兼容创建的 3D 环境可以从自我中心和立体视角体验，超越基于 3D 环境的沉浸感，利用地理空间数据塑造虚拟 3D 环境的能力为地理应用开辟了多种可能性，如建筑规划、场所再现。当今基于游戏引擎技术的多视角、多模式三维空间重构为元宇宙场景的建立提供了技术支持。

10.4.2　3D 建模：为元宇宙高速、高质量搭建各种素材提供技术支持

3D 建模技术在开发虚拟现实相关产品时扮演了非常重要的角色，虚拟现实的场景搭建的过程中，如果借助一些建模的工具，将会大大提高工作效率，例如，Autodesk Maya、3ds Max、zBrush 等软件具有多种建模手段。

具有真实感的 3D 数字模型是把元宇宙中元素呈现出来的基础，所以元宇宙的呈现在很大程度上受限于这个 3D 模型数字的真实感，因此模型的搭建是非常重要的一步，想要生成一个跟现实接近的虚拟现实场景，3D 模型的构建是非常重要的，因为一个好的建模过程、一个好的模型，将会使体验者的感受与现实相近，从而产生较强的沉浸感。

元宇宙最重要的特性之一就是人们可以在随心的交互过程中，感受周围一切事物的动态变化，换句话说，就是虚拟现实需要随着人们状态的变化，而使对应的场景做出相应的变化。其中对体验者沉浸感的评价有两个指标，包括动态性和交互延迟性。3D 建模技术，为元宇宙中各种素材的高速、高质量搭建提供了重要支持。

10.4.3 实时渲染：为元宇宙逼真展现各种数字场景提供至关重要的技术支撑

虚拟场景是任何一个虚拟仿真系统中必不可少的因素之一，元宇宙也不例外，元宇宙理念中多人共享、实时互动的沉浸式世界，都需要大量的算力和逼真的图形渲染技术的支持。在虚拟现实、三维游戏等领域中，对实时渲染技术的应用越来越多。其本质实际上就是对图像数据的实时计算，并进行输出。元宇宙的呈现尽可能地与现实相同，以达到沉浸的效果。当力求场景达到真实的时候，由于场景越真实便更加复杂的原因，想要实时渲染出场景的真实感，就必须要考虑足够多的细节问题。

目前实时渲染算法已具备了一定的成熟度，逼真的渲染不仅需要强大的技术，更需要巨大的计算量。例如，ARC、瑞云渲染等，为元宇宙中的数字场景更为逼真地展现提供了重要的技术支持。

10.5 元宇宙和网络及运算技术

计算机硬件水平的更新往往会带来一轮新的软件应用革命，过往计算机硬件的发展也很好地拟合了摩尔定律绘制的曲线。摩尔定律是 Intel 名誉董事长 Gordon Moore 经过长期观察总结的经验，其核心内容为：集成电路上可以容纳的晶体管数目在大约每经过 18 个月便会增加一倍。事实上，不只计算设备符合这种增长规律，网络硬件也跟随这种发展趋势。而现代技术的发展趋势已经远超过了前人的想象，目前硬件水平的发展已经逐渐超过摩尔定律的预测。所以在计算机硬件迅速发展的今天，准确地预测未来发展趋势，基于前瞻性的思维提前进行一些预测性的软件、算法设计是非常重要的。

所以本节将围绕元宇宙调研网络及运算技术的发展，同时探讨这些技术对元宇宙的支撑，并预测在这种发展趋势下未来元宇宙应用的主要发展方向。

10.5.1 5G/6G 网络：为元宇宙感知物理世界万物的信号和信息来源提供技术支撑

纵观计算机的发展史，通信网络传输速率的提升一直是主旋律，网络传输速率的提升使得视觉呈现和交互方式进行了一轮又一轮的进化，从文字到图像，从动画到视频，从 2D 视频到 3D 视频，从虚拟现实到体感。但值得注意的是，自虚拟现实应用出现以来，人们从椅子上站起来，并且活动的场所也不只局限于一间屋子，这时就不能再像之前那样用有线宽带作为传输介质,移动通信技术成为虚拟现实、增强现实场景下的主要通信途径。

移动通信技术经过1G到4G的发展,其传输的内容先后经过了文字、图像、音频、视频、清晰度更高的视频几个阶段,在5G商用的今天,下载速率已经达到了500Mb/s及以上,支持每平方千米100万个连接,但是尚未出现基于增强型移动宽带(eMBB)、超可靠低延迟通信(URLLC)和大规模机器通信(mMTC)的应用。或许就像短视频应用在4G LTE的后期才广受欢迎一样,5G环境下的典型应用也需要几年的时间才能出现,因此市场需求度和渗透率还不高。元宇宙有可能以其丰富的内容与强大的社交属性打开5G的大众需求缺口,提升5G网络的覆盖率。元宇宙应用需要用到的扩展现实(XR)设备要达到真正的沉浸感,需要更高的分辨率和帧率,因此需要探索更先进的移动通信技术以及视频压缩算法。5G的高速率、低时延、低功耗、大规模设备连接等特性,能够支持元宇宙所需要的大量应用创新。

Dang等人在发表于Nature Electronics中的论文 *What should 6G be?* 中提到,未来6G的发展趋势是高度安全、保密和隐私。在元宇宙中,更高的安全性将带来更高的还原度,在这个网络基础上运行的元宇宙将给用户带来更放心的体验,他们不用担心自己在虚拟世界看到的叶子被入侵者染成蓝色。隐私性使得用户的个人隐私得到了进一步的保护,用户不必担心在这个虚拟世界中有另一双眼睛通过更高的系统管理员权限或者入侵系统的方式偷窥到他或她的生活。此外,随着卫星通信技术的发展将给6G带来全球连接特性,全连接性扩展了元宇宙的交互区域,使得用户不只可以离开椅子,甚至可以离开地面,在几万米的高空中进入虚拟世界。

10.5.2 云计算:为元宇宙提供高速、低延时、规模化接入传输通道,更实时、流畅的体验

目前大型游戏采用客户端+服务器的模式,对客户端设备的性能和服务器的承载能力都有较高要求,尤其在3D图形的渲染上完全依赖终端运算。要降低用户门槛、扩大市场,就需要将运算和显示分离,在云端GPU上完成渲染。因此,动态分配算力的云计算系统将是元宇宙的一项基础设施。

NIVDIA开发了在3D建模工作中协作和模拟的通用互操作平台NVIDIA Omniverse,该平台是一个适用于所有3D应用的界面,可提供丰富的交互体验,一个程序中的修改会立即反映到所有相关程序中,将制作流程整合到一个统一的查看和修改环境中。这种工作思路在3D环境中构建了一个共享的云端图形设计与计算平台,将元宇宙的概念用于开发流程。同时,各个游戏公司也加大了在云计算

领域的布局。Epic Games 收购云计算与在线技术厂商 Cloudgine 为 Unreal 引擎提供面向元宇宙中海量实时交互式内容的云计算能力，帮助开发者通过物理模拟和网络方面的进步来继续推动 VR 的发展。Microsoft 在 2020 年 7 月宣布将旗下游戏 Minecraft 从亚马逊云计算服务 AWS 转移到微软 Azure 服务。而在 2021 亚马逊云科技 re：Invent 全球大会期间，亚马逊云科技不仅推出了众多新服务和功能，还宣布了一系列合作，其中包括元宇宙公司 Meta 宣布深化与亚马逊云科技的合作，将亚马逊云科技作为其战略云服务提供商。

云计算必将承担元宇宙的大部分计算任务，从而实现最大化的计算资源利用，并可以通过共享资源来避免冗余计算，所以收集-计算-分发的模式将成为未来的主流。然而在其迅速发展的过程中，要注意中心服务器的安全性、稳定性，以避免因服务器宕机而导致的大面积失效灾难，尤其要加强对用户隐私数据的保护。

10.5.3 边缘计算：为元宇宙用户提供功能更强大、更轻量化的终端设备

对于中心化的云计算潜在的安全性、隐私等问题，边缘计算提供了补充性的解决方案。元宇宙对网络传输提出了更大带宽、更低时延、更广覆盖的要求，除云计算外，还需要借助边缘计算技术，以保障所有用户获得同样流畅的体验。边缘计算通过将算力放在靠近数据源的边缘端，提供本地的存储、计算、网络等核心服务。由于通信链路的缩短，边缘计算能很好地解决中心流量拥堵和智能终端爆发式增长带来的计算资源匮乏等问题，同时也提升了隐私数据的保护程度。无论是元宇宙抑或是自动驾驶、云游戏、智慧城市等领域与场景，海量的数据需要边缘计算来处理优化，高质量的交互体验需要边缘算力来保驾护航。

2020 年 12 月到 2021 年 3 月期间，Genvid Technologies 在 Facebook Watch 上运行了它的首个重要的大规模交互式现场活动（Massively Interactive Live Event，MILE），成千上万同时观看活动的观众可以通过破解谜题帮助参赛选手，以及选择他们可以做什么，从而实时对模拟产生影响，甚至决定谁得以生存、谁要被踢出。这个活动可以视作元宇宙的一个雏形，但其已经对云计算资源产生了大量的消耗，甚至在峰值时 AWS 都一度无法应对大量的计算需求。在这个活动的启示下，必须研究更适用于未来元宇宙场景下的计算任务分配方法。

10.6 元宇宙和物联网

物联网作为联系现实世界与虚拟世界的基石，在目前的数字化社会中具有不

可替代的地位。物联网的核心是实现联网设备的通信,将各种物理世界的传感器得到的信息联系起来,形成人与万物实时、精确、广泛的联系,这对元宇宙的信息接入有至关重要的作用。随着 5G、云计算等网络技术的飞速发展,信息传输的速度、带宽、延迟等关键指标都有了巨大的提升,物联网也随之飞速发展,一个万物互联的世界也许将在不久的未来成为现实。

物联网这个概念首次出现于 1990 年,John Romkey 发明了一台可以联网的烤面包机。"物联网(IoT)"一词最早是由凯文·阿什顿(Kevin Ashton)提出的,通过"在日常物品上添加射频识别和其他传感器"来创建物联网。随着时间的推移,物联网从最初的一个想法,逐渐演变成为人们日常生活中随处可见的应用技术。随着人工智能、大数据等新一代信息技术与物联网技术的进一步融合,物联网空间正在逐渐走向智能化和普及化,物联网使智能设备实现互相通信,为人们的生活带来许多方便。例如,许多科技公司开发的智能家居系统可以根据用户的状态自动调节房屋的温度、湿度、光照条件、电器开关等,物流公司的物联网机器人可以根据在线订单实时分拣快递,自动驾驶汽车在特定路况可以实现无人驾驶,等等,这些应用无一不体现着物联网的飞速发展。据估计,到 2025 年,全球物联网设备数量将达到 750 亿台以上,各种嵌入式系统、边缘计算设备、信息传感器等正在广泛且密集地出现在日常生活的电子设备中。

本节将以目前流行的三层物联网架构为标准,探讨物联网对元宇宙的发展有哪些积极的影响。

10.6.1 感知层: 元宇宙的"皮肤"

如果说虚拟现实技术是人们在元宇宙中的眼睛,那么物联网就像是在元宇宙中感知世界的触觉感官,如果想在元宇宙中实现与现实世界的交流和互动,那么这两项技术的进步对元宇宙的发展具有举足轻重的作用。元宇宙本质上是对现实世界进行虚拟化、数字化的过程,这一过程需要大量不同种类的传感器收集海量数据,可以说,元宇宙是通过这些数据来感知现实世界的,甚至通过这些传感器集成的边缘计算模块来与现实世界进行交互。

Simiscuka AA 等人在发表的论文中提到了一种虚拟物联网环境同步方案 VRITESS,使用户能够在虚拟环境中利用 VR 设备无缝地操作真实的物联网设备,如联网的计算机、平板计算机、智能穿戴设备甚至智能冰箱等。VRITESS 通过在物联网终端与虚拟现实端同步运行算法来实现人对物理实体的实时感知,这种解决方案显然已经非常接近数字孪生或者元宇宙的概念了,甚至可以说已经在小规模的客观世界实现了这种想法。

物联网的这种类似于触觉的感知特性，是实现元宇宙的重要基础。但要实现感知层的理想效果，需要根据不同的应用场景在现实环境中部署大量的物联网结点，而且这些物联网结点感知的数据类型一定是多种类的，各种有线和无线的传感器终端使用的数据传输协议也不一样，如无线传输有 RFID、NFC、蓝牙、ZigBee 等，有线传输有 USB、RS232、RS485 等，这就对控制系统的接口类型和数据处理能力提出了更高的要求。因此，统一的数据存储格式会为物联网的广泛应用带来极大便利，这也是目前物联网技术研究的重点，另外，5G、6G 等网络技术的发展也为物联网数据传输提供了更多选择和应用场景。为了在元宇宙中精确描绘物理世界而大规模部署的物联网结点还面临着另一项挑战，许多结点都容易遭到人为或环境损坏，而且这些结点往往处在无法或难以维护的环境中，无限制地追求结点分布广泛将导致物联网建设成本大幅增加。这些问题需要在元宇宙发展过程中探讨解决方案。

10.6.2 网络层：元宇宙的"中枢"

网络层的功能主要是数据传输和在线处理，通过感知层获取了大量传感数据后，物联网需要将这些数据安全、准确、低延迟地向其他结点传输。网络层是目前发展最成熟的部分，各种完善的无线传输网、有线传输线路、传输协议的出现使数据传输已不再成为限制物联网发展的因素。而云计算的出现为数据处理提供了一种极为方便、高效及节能的解决方案，用户可以根据自身需求灵活地使用运算资源，云计算平台通过多部服务器组成具有强大的运算能力的数据中心，可以在短时间内完成大量的数据处理。用户通过网络使用服务商提供的庞大计算能力及海量存储能力等，使用者可以随时按需使用服务商的计算资源，且计算资源可以看作是无限扩展的，为元宇宙的人、机、物交互提供强大的计算和存储支持。

在 Jayavardhana Gubbi 等人的论文中，介绍了使用 Manjrasoft Aneka 和 Microsoft Azure 云平台的物联网架构实现方式，文中结合了两种云平台各自的优势，打造了一种基于云计算平台的以用户为中心的物联网模型，这种模型主要考虑了物联网的灵活性，允许用户独立地设计适合自己的物联网应用。

但随着云计算的不断发展，其局限性也逐渐被人们发现，一些特定的应用场景要求即时的数据反馈和更高的安全性，不断增加的数据传输量和有限的网络带宽之间的矛盾日益凸显，催生出了雾计算、边缘计算的概念。通过在更接近终端的位置架设计算单元，雾计算和边缘计算为大数据的处理方式提供了更多样化的选择，弥补了云计算在许多方面的缺陷。5G、人工智能、机器学习等新兴技术的加入使雾计算、边缘计算结点的大量部署成为可能，从而使云计算有更加广泛的应用场景,云、雾、边缘计算的融合应用将会逐渐普及。在元宇宙的物联网应用中合理地构建由云、雾、边缘计算组成的数据计算结构可以大幅降低系统延迟,提高数据传输效率,这是元宇宙从科幻走向现实的重要基础。

10.6.3 应用层:元宇宙的"大脑"

物联网应用层主要负责对网络层传输过来的数据进行合适地处理,最终将数据以直观的方式呈现给用户或者对物联网终端进行交互操作,应用层是实现物联网人机交互的最后一个环节,越来越多地被应用于智能家居、医疗和农业等众多领域。应用层在当下应该被定义得更加广义,不仅要包含面向用户的物联网应用,如虚拟现实、增强现实、数字孪生、智慧家居等,还应该包含面向物联网终端的应用,相比前者,物联网终端中的应用开发面临更多困难和挑战,这也导致了物联网应用层在三层架构中发展较为缓慢。

Udoh.IS 等人的论文中就详细分析了目前物联网应用开发遇到的各种困难,主要包含以下几点。

(1)物联网设备可能分布于广泛的地理区域,这些设备的应用程序在需要更新维护时会极其困难。

(2)不同种类的硬件可能需要单独定制的物联网应用。

(3)一些特定环境对相应物联网应用要求非常严格,如健康监测、智能医疗中的应用。

(4)智能终端收集到的数据量很大,物联网应用应该从这些数据中提取对最终交互有用的数据进行处理,否则大量数据对物联网设备的硬件要求会大幅提高。

论文中也列举了一些物联网应用开发平台,这些开发平台的核心目的都是为了给统一场景中的物联网应用设计同一种应用架构,以便于为不同的物联网硬件提供通用的数据接口和传输协议,使应用开发变得更加便捷,但每个平台都在某些方面有一些局限性。本章认为,应用层未来的发展对元宇宙的建设至关重要,研究者们应该为物联网硬件提供一种通用的应用设计架构,这种架构需要同时满足物联网应用设计的安全性、普适性、实时性和可监管性等要求,统一的设计架构将大幅降低物联网应用的开发成本,对物理世界的无缝传感网将有可能成为现实。

就像一开始所提到的,物联网建设在目前来看是元宇宙概念实现的基础,其已经在医疗、运输、环境监测、智慧城市、智慧家居等应用场景有了很多成功的应用案例,虽然近年来物联网的发展因为诸多限制因素发展放缓,但随着元宇宙概念的兴起,物联网的发展一定会受到更多关注。人们正在探索更多的物联网应用领域,更多物联网应用的出现将进一步解决阻碍当前发展的问题。

参 考 文 献

本书参考文献请扫描下方二维码阅读。